IT Text　情報処理学会 編集

コンピュータアーキテクチャ

改訂2版

小柳　滋
内田啓一郎　共著

はしがき

かつてのコンピュータといえば，空調施設や電源施設を完備した計算機室に鎮座し，貴重な設備として大切に扱われてきた．人間よりも機械優先の環境で，我々情報技術者は計算機の僕となってソフトウェアの開発，設計確認，障害の調査をしたものである．それほど高価な道具であった．しかし，いまや一部の例外を除けば，個人的に使うパーソナルコンピュータが数の上では圧倒的となり，オフィスや家庭など身近な環境の中で利用されるのが当たり前になった．

近年の半導体の急激な進歩によってコンピュータの価格の低減と性能の革命的進化が急激に起こり，現在のパーソナルコンピュータの性能はかつてのスーパコンピュータの性能をはるかに上回っている．この性能向上は半導体技術の革新だけでなく，コンピュータアーキテクチャの技術革新も大きく寄与している．今ではコンピュータは家電製品や自動車，携帯電話など数多くの機器に内蔵されており，コンピュータアーキテクチャ技術が，現代の情報化社会の屋台骨を支えているといっても過言ではない．

コンピュータアーキテクチャとは単なるコンピュータハードウェアの技術だけではなく，ソフトウェアを含めたコンピュータシステム構築のための基本的な設計原理であり，コンピュータ設計のバイブルである．コンピュータの誕生以来60年間にわたって積み重ねられてきた技術が集大成された体系である．コンピュータアーキテクチャを知っておくことは，その上に構築される情報システムの理解の基本となり，効率良いソフトウェアシステムの構築に不可欠な知識である．さらに，コンピュータサイエンスのさまざまな分野を学ぶための基礎知識としても重要である．

本書はコンピュータアーキテクチャを学習するうえでの，予備知識から，基本概念，構造・役割，新しい概念まで，基礎が確実に理解できるように体系的に解説している．この中には基礎的な事項だけでなく，最新の技術動向まで記述している．できるだけわかりやすくなるように，なるべく図表を用いて説明した．

本書は大学や高専の情報関連学部・学科の学生を対象とした教科書として使用されることを目標としている．第1章から第5章までは基本的な内容であり，第6章から第8章までは比較的高度な内容となっている．低学年の1セメスター（15週）の講義には第1章から第5章までが適当であり，高学年の1セメスターの講義では全体が適当と考える．さらに最新のコンピュータアーキテクチャ技術を体系的に学びたい企業の技術者の入門書や，自習用の教科書として用いることができる．

筆者2人はともにコンピュータメーカにおいて，長年コンピュータの研究開発や製品の設計開発に携わってきており，コンピュータ開発の最前線においてコンピュータアーキテクチャ技術の進歩を身をもって体験してきた．今後，この間に学んださまざまな技術を教育の場で生かし，これからの日本のコンピュータ産業を支える技術者を育成することが使命であると考えている．

本書によって，一人でも多くのコンピュータ技術者が育ってくれること，および関連分野の技術者がコンピュータアーキテクチャの理解を深めるうえで役立ってくれることを期待する．

最後に情報処理学会教科書編集委員会の伊藤潔教授ほか委員各位，オーム社出版局の皆様に深く感謝いたします．

2004年7月

内田啓一郎
小 柳　　滋

改訂にあたって

本書の初版が発行されて以来 15 年が経過した．筆者自身，本書を教科書として講義を行っているが，技術の進歩とともに教える内容も少しずつ変化してきた．その経験を生かしつつ，今後も教科書として利用するためには，新しい技術に対応すること，読みにくい部分を修正することが必要と考え，このたび全面的に書き直すことにした．改訂の基本方針は以下のとおりである．

・新しい技術を書き加えた．具体的には，低消費電力，GPU，SSD，シリアルバス，RAID6 などを書き加えた．
・教科書としての使用を前提にページ数の増加を抑えた．そのため内容を厳選し，できるだけ簡潔に記述することに努めた．
・基礎と発展を分離し，大学の状況に応じてさまざまな授業に対応できるようにした．第 1 章から第 5 章を基礎的な内容とし，第 6 章以降をプロセッサの性能向上を目指す発展的内容とした．
・初版は 2 人の著者による分担執筆のため，記述が不統一な点，記述順序が不適切な点，重複した記述などがあった．今回の執筆では，基本アーキテクチャを MIPS アーキテクチャに統一し，これらの不統一な点を書き直した．
・発展部分はコンピュータアーキテクチャ技術の流れを理解しやすいように章構成を変えた．第 6 章でパイプライン，第 7 章で命令レベル並列処理，第 8 章で並列処理という流れに統一した．

最後に，本書の改訂にあたってお世話いただいた情報処理学会教科書編集委員会，ならびにオーム社書籍編集局の皆様に深く感謝する．

2019 年 10 月

小 柳　滋

目　　次

第1章　概　要

第2章　命令セットアーキテクチャ

第3章　メモリアーキテクチャ

第4章　入出力アーキテクチャ

第5章　プロセッサアーキテクチャ

第6章 パイプラインアーキテクチャ

第7章 命令レベル並列アーキテクチャ

第8章　並列処理アーキテクチャ

第1章

概　要

コンピュータが誕生してから70年以上が経過し，この間の技術進歩には目を見張るものがあるが，コンピュータの基本的な動作原理は変わっていない．本章では，コンピュータ発展の歴史をたどりながら基本的な動作原理を学ぶとともに，アーキテクチャや性能の定義について学ぶ．

1.1　コンピュータの進歩

1. コンピュータの歴史

コンピュータの世代は，素子技術によって分類されるのが一般的である．真空管を用いたものが第1世代，**トランジスタ**を用いたものが第2世代，集積回路を用いたものが第3世代である．第3世代以降は集積回路の集積度が飛躍的に向上しているが，世代を区切る明確な基準はない．集積回路技術の進歩により，コンピュータの高性能化，小型化，低価格化，高信頼化が進み，幅広い分野でコンピュータが使われるようになった．

ENIAC：Electronic Numerical Integrator and Calculator（ペンシルバニア大学のJ.MauchleyとJ.Eckertにより開発された．）

世界最初の電子計算機は1946年に開発された**ENIAC**といわれている．ENIACは18 000本の**真空管**を使用し，全体の大きさは24m×2.5m×0.9mであった．プログラミングはケーブルを差し替え，スイッチを設定する手作業で行われた．

フォン・ノイマン：
John. von Neumann

コンピュータの父と呼ばれる**フォン・ノイマン**はENIACプロジェクトに参加し，プログラミングを容易にする方法として，プログラム内蔵方式を提案した．初めて開発されたプログラム内蔵方式の電子計算機は，1949年の**EDSAC**である．

EDSAC：
Electronic Delay Storage Automatic Calculator（ケンブリッジ大学のM. V. Wikesにより開発された.）

1950年代に入ると，商用コンピュータが登場するようになった．初期の商用機は事務処理用，数値計算用と用途を限定していたが，1964年にIBMがこれらを統合した汎用機として**System/360**を発表し，以降のコンピュータ市場の盟主となった．360という名称は角度360度を意味するものであり，あらゆる用途に適する汎用機であることを表す．IBMはSystem/360として同一の命令セットをもつ6種類のモデルを同時に発表し，ハードウェアを抽象化したアーキテクチャという概念を提唱した．

一方，DEC社は1965年に低コストの小型コンピュータ**PDP-8**を開発し，**ミニコンピュータ**と呼ばれる市場を開拓した．ミニコンピュータは低価格のため，幅広い分野でのコンピュータの普及を促進した．

1970年代には，半導体技術の進歩がコンピュータに大きな影響を及ぼすようになった．**DRAM**と**マイクロプロセッサ**が代表例である．磁気コアに替わってDRAMがコンピュータの主記憶に使われるようになり，DRAMの集積度の向上に伴って，主記憶容量が飛躍的に増大するようになった．1971年にIntelがはじめて1チップのマイクロプロセッサ**i4004**を開発した．これはゲート数2 300の簡単なものであったが，以後の半導体の集積度の飛躍的な向上により，1980年代には小規模のコンピュータのほとんどがマイクロプロセッサを用いるようになった．

DRAM：
Dynamic Random Access Memory

i4004：
日本の電卓メーカであるビジコン社の依頼によりIntelが開発した．設計にはビジコン社の嶋正利氏が深く関わった．

また1970年代には，ハイエンドとローエンドのコンピュータとして，新しい流れが誕生した．ハイエンドとしてはスーパコンピュータ，ローエンドはパーソナルコンピュータである．初めての**スーパコンピュータ**は1963年に発表された**CDC6600**であるが，CDC6600の開発者である**クレイ**はその後Cray Research社を設立し，1976年にスーパコンピュータ**Cray-1**を発表した．Cray-1は大規模科学技術計算におけるスーパコンピュータの市場を開拓し

クレイ：
Seymour Cray

た．

一方，ローエンドコンピュータとしては，1973年にゼロックス社で開発された**Alto**をきっかけとして，設計現場における技術者個人用の**EWS**や，1977年に開発された**Apple Ⅱ**をきっかけとして個人でも購入できる安価な**PC**が生まれた．

EWS：
Engineering Work Station

Apple Ⅱ：
Steve Jobs と Steve Wozniak により開発された．

PC：
Personal Computer

今日では，コンピュータは社会の基盤としてあらゆる分野で不可欠なものとなっている．銀行や交通などの分野では，コンピュータの停止は大きな社会問題となっている．

集積回路技術の進歩によるコンピュータの小型化により，ローエンドではゲーム機，携帯電話，**PDA**，デジタルカメラ（デジカメ），テレビなどをはじめ，われわれの身の回りの多くの製品にコンピュータが内蔵されている．このようなコンピュータを内蔵した特定目的のシステムは**組込みシステム**と呼ばれている．

PDA：
Personal Digital Assistance（個人用携帯端末）

組込みシステム：
embedded system

2. 国内のコンピュータの歴史

日本最初のコンピュータは，1956年に稼動した富士写真フィルムの**FUJIC**である．FUJICは真空管1 700本を用いたプログラム内蔵型のコンピュータである．表示装置，印刷装置などの周辺機器まですべてを手づくりで完成させ，実際のレンズ設計に用いられた．

FUJIC：
開発者は岡崎文次．

初期の日本のコンピュータ開発において特徴的であったものが，東京大学の**後藤英一**が発明した論理素子「**パラメトロン**」の採用である．パラメトロンは真空管と比較して寿命が長く，低価格であるという特徴を持ち，電気通信研究所の**MUSASINO-1**が1957年に完成し，商品化も行われたが，その後のトランジスタの急速な品質向上による動作速度に追いつかないため，市場から姿を消した．

日本最初のトランジスタコンピュータは1956年に開発された電気試験所の**ETL Mark Ⅲ**である．ETL Mark Ⅲは世界最初のトランジスタコンピュータでもある．以降，日本のコンピュータは，富士通（FACOM），日立（HITAC），日本電気（NEAC），東芝（TOSBAC），三菱電機（MELCOM），沖電気（OKITAC）の6社を中心に発展した．海外との技術提携や業界再編などの中で，国内各社は着実にコンピュータの技術を蓄積した．トランジスタからIC，

LSIへと急速な半導体素子の発展があり，通産省の国家プロジェクトによる業界育成政策を受けて，日本の汎用大型コンピュータ産業は半導体産業とともに世界レベルに立った．さらにその技術はスーパコンピュータの開発へと受け継がれ，現在では国産のスーパコンピュータは世界最高レベルである．

小型コンピュータに関しては，1970年代に国産のミニコンピュータやオフィスコンピュータが普及し，その流れはワークステーションへと引き継がれた．PCに関しては，1980年代にNECの16ビットパソコン**PC98**シリーズが大ヒットし，国内のPC市場を席巻した．また，1985年に東芝は，世界初のラップトップPCの**dynabook**を発表し，ノートPCの市場を開拓した．現在，PCではオープン化が進み，Intelのマイクロプロセッサが圧倒的なシェアを占めているが，組込みシステムやゲーム機などでは国産のマイクロプロセッサが世界市場で健闘している．

dynabook：1972年にAlan Keyが提唱した片手でもてる小型コンピュータ．

Column コンピュータ以前の歴史

電子計算機とはいえないが，そのベースとなる考え方はかなり古くから存在していた．17世紀の初めに**パスカル**が歯車によって桁上がりを制御する計算機を発明した．これは加減算しかできなかったが，17世紀の末に**ライプニッツ**が乗除算も可能な計算機を発明した．19世紀末，**バベッジ**が機械の制御を紙のカードによって行う自動計算機（解析機関）の構想を発表したが，当時の技術水準では完成しなかった．20世紀になって電気モータや工作技術が進歩すると電気リレー（バネと電磁石を組み合わせたもの）を用いてバベッジの思想を生かした自動計算機が生まれた．

国内では1916年，**大本寅次郎**が手回し式虎印計算機（後のタイガー計算機）を発明し，1960年代まで使われた．リレーを使ったものとしては東京大学**山下英男**の山下式分類統計機，電気試験所のETL Mark Ⅰなどが開発された．富士通のFACOM-100は最初の実用リレー式計算機としてレンズ設計に使われた．

3. デバイス技術の進歩

このようなコンピュータの進歩は，デバイス技術の進歩によるものが大きい．そこで，デバイス技術の進歩について概観してみよう．

① **DRAM**：図1.1はDRAMのチップ容量の推移を表している．図のように，DRAM容量は2000年までは3年ごとに

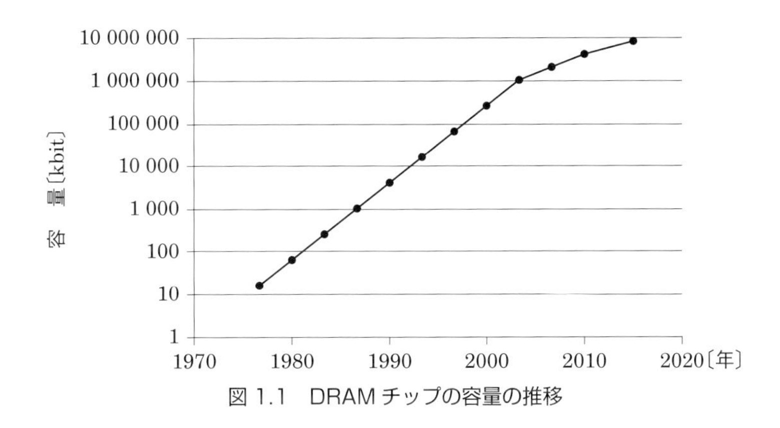

図 1.1　DRAM チップの容量の推移

ムーア：
Gordon Moore（Intel の設立者の一人.）

デナート：
Robert H. Denart（IBM の技術者で DRAM を発明した.）

4 倍になっていることがわかる．これは**ムーアの法則**と呼ばれている．最近はペースが低下している．ムーアが提唱したのは 1965 年であり，その後の半導体プロセスの微細化技術の進歩を予想した．さらに，1974 年に**デナート**はトランジスタを微細化することにより，スイッチング速度の向上と消費電力の低減化が進むことを示した．これはデナートのスケーリング則と呼ばれている．この 2 つの法則が集積回路技術の進むべき指標となった．

② **マイクロプロセッサ**：半導体の集積度の向上により，データ幅の増加，クロック周波数の向上，命令レベル並列処理などのアーキテクチャ技術がチップ内に取り入れられ，マイクロプロセッサの性能は飛躍的に向上した．Intel 社のマイクロプロセッサ技術の推移を表 1.1 に示す．集積回路技術の進歩により，マイクロプロセッサのトランジスタ数は着実に向上しているが，周波数は 2000 年頃から停滞している．

HDD：
Hard Disk Drive

③ **ハードディスク（HDD）**：1956 年に IBM 社が初めて HDD をコンピュータシステムに導入した．これは直径 24 インチのディスク 50 枚で構成され，記憶容量は 5 MB，面記憶密度は 2Kbit/平方インチであった．その後，ディスク交換型の HDD が主流となったが，1973 年に IBM が発表した**ウィンチェスター型ディスク**はヘッドとディスクを完全密閉したディスク固定型で信頼性が格段に向上し，その形態は現在に至っている．

表 1.1　Intel のマイクロプロセッサ技術の推移

プロセッサ名	年	トランジスタ数	周波数
i4004	1971	2 300	0.1M
i8086	1978	29 000	5M
i80286	1982	134 000	12.5M
i80386	1985	275 000	16M
i80486	1989	1 200 000	25M
Pentium	1993	3 100 000	66M
Pentium Pro	1997	5 500 000	200M
Pentium 4	2001	42 000 000	1 500M
Core i7	2010	1 170 000 000	3 333M

記録密度：
Mbpsi（Mega bit per square inch）という単位で表される．1 平方インチあたりのビット数を表す．

MR ヘッド：
Magneto Resistive Head

GMR ヘッド：
Giant Magneto Resistive Head

TMR ヘッド：
Tunnel Magneto Resistive Head

その後の HDD の**記録密度**の推移を図 1.2 に示す．1991 年に **MR** ヘッド技術が採用されて以来，記録密度は着実に上昇している．1998 年には再生感度の高い **GMR** ヘッドが搭載され，さらに **TMR** ヘッド技術，**垂直磁気記録**などの導入により，ますます記録密度の上昇が続いている．

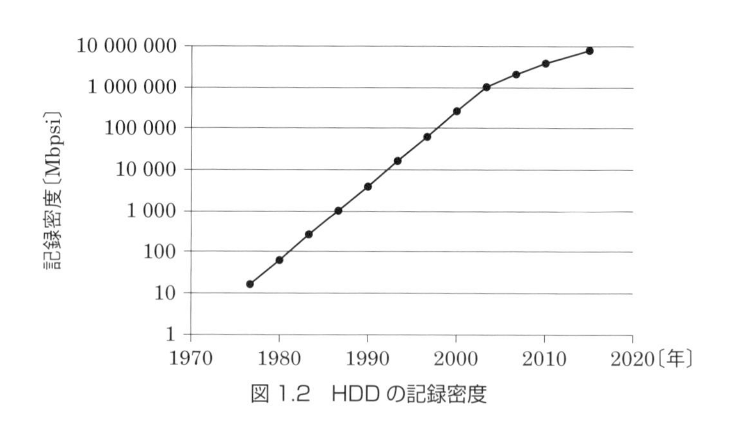

図 1.2　HDD の記録密度

1.2　コンピュータアーキテクチャとは

アーキテクチャ：
architecture

アーキテクチャという用語は，辞書では建築，構造を表す．**コンピュータアーキテクチャ**という用語が広く用いられるようになったのは，IBM の **System/360** からである．そこでは，プログラマから見えるコンピュータの論理的仕様という意味で用いられた．1.1

節で説明したように，IBMはSystem/360として同一の命令セットをもつ6種類のモデルを同時に発表した．命令セットが同一であるということはソフトウェアが共通化できることを示している．すなわち，ハードウェアの構成が異なってもソフトウェアから見えるコンピュータの論理的仕様は同一であることを表す用語としてアーキテクチャが用いられた．

命令セットアーキテクチャ：
instruction set architecture
（ISAともいう．）

命令セットアーキテクチャを狭義のコンピュータアーキテクチャということがある．命令セットを定義することは，それを実現するハードウェアと，それを用いるソフトウェアのインタフェースを定義することであり，ハードウェアとソフトウェアの開発を並行して進めることが可能となる．

命令セットアーキテクチャの決定は，ソフトウェア側から命令セットがどのように使われるかという面と，ハードウェア側から命令セットをどのように実現するかという面の両面から検討する必要がある．ソフトウェアから使われない命令を定義することは無意味であり，ハードウェアによる効率的な実現が困難な命令を定義することはコストパフォーマンスの低下をもたらす．このように，命令セットアーキテクチャの設計には最適なコストパフォーマンスを実現するための**ハードウェアとソフトウェアのトレードオフ**の決定が重要である．近年のコンピュータの命令セットの定義では，コンパイラからの要求を反映することが重要視されている．

トレードオフ：
trade off（ハードウェアによる実現をとるか，ソフトウェアによる実現をとるかを決めること．）

以上に述べた命令セットアーキテクチャ以外にも，アーキテクチャという用語はコンピュータ関連分野でも用いられている．

ハードウェアアーキテクチャとは，命令セットアーキテクチャの下位レベルのアーキテクチャを指す．本来アーキテクチャという用語が建築という意味をもつため，ハードウェアの基本構造を意味するものとしてよく用いられる．一般に，コンピュータのハードウェアは，レジスタやALUなどの**機能モジュール**，機能モジュール間の**データ転送路**，およびデータ転送を制御する**制御信号**から構成され，機能モジュールとデータ転送路をあわせて**データパス**と呼ぶ．ハードウェアの基本構造とは，データパスを定義することに相当する．**ハードウェア記述言語**ではこのようなレベルの記述を**レジスタトランスファレベル**（**RTL**）と呼ぶ．マイクロプログラム制御の

データパス：
data path

レジスタトランスファレベル（RTL）：
register transfer level

コンピュータでは，マイクロ命令の仕様を表すものとして**マイクロアーキテクチャ**とも呼ばれる．

アーキテクチャという用語はソフトウェアにおいても使用される．ソフトウェアシステムが一連のソフトウェアモジュールで構成されるとき，システム全体の構造を表すために**ソフトウェアアーキテクチャ**と呼ばれる．また，システムを構成する要素とその関係を表現したシステム全体の構造を示す場合には，**システムアーキテクチャ**と呼ばれる．コンピュータシステムをハードウェアだけでなく，OS 等のシステムソフトウェアを含めたシステムととらえると，システムアーキテクチャはハードウェアとソフトウェアを含んだ全体の構造を表す．図 1.3 はシステムアーキテクチャの例を表すといえる．

図 1.3　システムアーキテクチャ

また，ハードウェアや OS が異なるコンピュータ間で通信により情報を交換するためには，機種や用途に依存しない通信の取決め（プロトコル）が必要である．ネットワークプロトコルは階層的に決められている．このようなプロトコルの階層構造を**ネットワークアーキテクチャ**と呼ぶ．

このようにアーキテクチャという用語はさまざまな場面で用いられている．これらに共通することは，論理的な構造を表現していることであり，構造の中にシステムの設計思想が表現されている．一般に構造を明確にし，構成要素間のインタフェースを明確にすることにより，構成要素の設計における複雑さをシステム全体の設計から隠ぺいする設計手法は，ハードウェア・ソフトウェアを問わず設計を容易化する手法として広く用いられている．このように広義のコンピュータアーキテクチャとは，ハードウェアとソフトウェアを含むコンピュータシステムの設計思想や論理的な構造を表している．

1.3　コンピュータの基本構造

コンピュータの基本的な構成要素を図 1.4 に示す．**記憶装置**，**演算装置**，**制御装置**，**入力装置**，**出力装置**の 5 つから構成される．プログラムやデータは記憶装置に格納される．記憶装置から読み出されたプログラムは制御装置により実行される．プログラムの実行により，記憶装置から読み出されたデータは演算装置で加工されて記憶装置に書き込まれる．また，入力装置，出力装置は記憶装置とコンピュータ外部とのデータのやり取りを行う．代表的な入力装置はキーボードやマウス，出力装置はディスプレイ装置やスピーカなどがある．また，HDD などの外部記憶装置も入出力装置の一種である．通常，制御装置と演算装置をあわせて**中央処理装置**（**CPU**），あるいは**プロセッサ**と呼ぶ．

CPU：
Central
Processing Unit

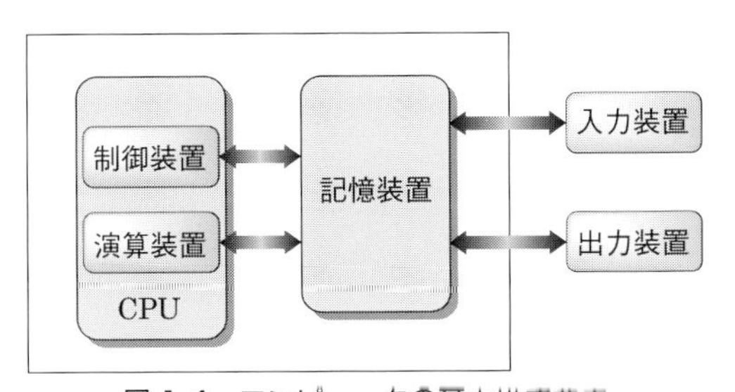

図 1.4　コンピュータの基本構成要素

1. プロセッサアーキテクチャの基本

CPU の内部の基本構成を図 1.5 に示す．図に沿って CPU の動作について説明する．コンピュータで実行されるプログラムは**機械語命令**で構成されている．CPU ではプログラムを構成する機械語命令を 1 つずつ記憶装置から読み出して実行する．1 つの命令の実

機械語命令：
machine
instruction

命令サイクル：
instruction cycle

行を**命令サイクル**と呼ぶ．プログラムの実行は命令サイクルの繰り返しである．

レジスタ：
register

主記憶：
main memory

記憶装置からデータを読書きするにはアドレスを指定する必要がある．CPUの内部には**レジスタ**と呼ばれる記憶装置があり，プログラムの実行に必要な一時的な記憶場所として用いられる．CPU外部の記憶装置は**主記憶**と呼ぶ．

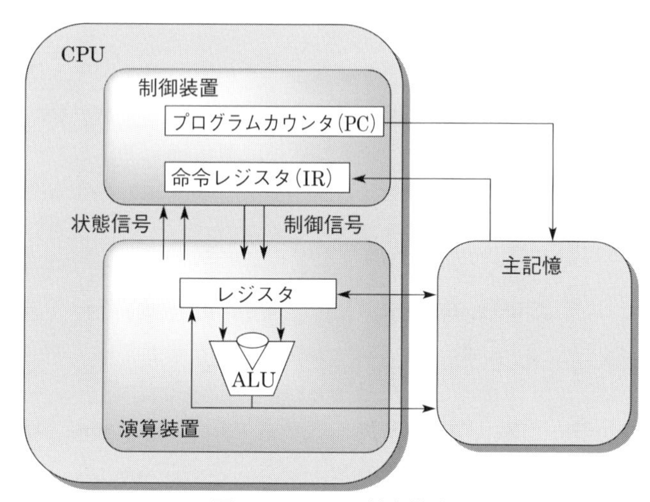

図 1.5　CPUの基本構造

プログラム内蔵方式：
stored program

プログラムカウンタ：
Program Counter

命令レジスタ：
Instruction Register

ALU：
Arithmetic Logic Unit

プログラムは主記憶に格納されている（**プログラム内蔵方式**）．プログラムを構成する一連の機械語命令を主記憶から読み出してCPUで順に実行するには，現在実行中の命令のアドレスをCPU内に記憶しておく必要がある．このためのレジスタを，**プログラムカウンタ**（**PC**）と呼ぶ．主記憶から読み出された命令をCPU内で格納するレジスタを**命令レジスタ**（**IR**）と呼ぶ．命令レジスタに格納された命令は解読され，制御信号が生成される．

演算装置には，四則演算や論理演算を行う**ALU**が備わっている．ALUは一般に2つの入力ポートと1つの出力ポートをもち，入力ポートから入ってくる2つのデータに演算を施して，結果を出力ポートから出す．ALUの入出力ポートにはレジスタや主記憶が接続される．

通常の命令ではプログラムは格納順に実行されるが，**条件分岐命令**では演算結果によりプログラムの実行順序を変更することができる．このため，演算結果の状態を表す状態信号が演算装置より制御装置に送られ，次に実行する命令の決定に用いられる．

命令サイクルは，基本的に次の5つの操作によって構成される．

① 命令の取出し：プログラムカウンタの内容をアドレスとして主記憶から命令を取り出し，命令レジスタに設定する．

② 命令の解読：読み出した命令を解読する．

③ オペランドの読出し：命令中に指定されたレジスタや主記憶から演算に必要なデータを読み出す．

④ 演算の実行および結果の書込み：ALUで演算を実行し，演算結果をレジスタや主記憶に書き込む．

⑤ プログラムカウンタの更新：次の命令のアドレスを計算し，プログラムカウンタに設定する．

割込み：
interrupt

計算機の動作は上記の命令サイクルの繰返しであるが，異常事態（まれにしか発生しない事態）が発生した場合のために**割込み**と呼ばれる機能が用意されている．例えば，命令の実行中に演算のオーバフロー，除数がゼロの除算，実装されていない主記憶へのアクセスなどが発生した場合，そのままプログラムの実行を継続しても正しい結果が得られない．また，第3章で述べるが，仮想記憶システムにおけるページフォルトが発生すると，主記憶の入替えを行ってからプログラムの実行を継続する必要がある．割込みとは，CPUの命令実行順序を動的に変更する手段であり，通常の命令の実行中に割込みが発生すると，実行の継続に必要な状態を退避したあとで割込み処理プログラムに分岐を行う機構である．割込みの種類によっては割込み処理プログラムの終了後に退避した状態を復元することにより割り込まれたプログラムの実行を継続することもできる．割込みの発生の検出と，割込み処理プログラムへの分岐はハードウェアによって行われるため，割り込まれたプログラムは割込みの発生を意識する必要がない．

2. メモリアーキテクチャの基本

コンピュータには各種のメモリ素子が用いられている．CPU の高速化をはかるためには，高速なメモリデバイスの採用が重要である．一方，CPU の性能向上に伴ってプログラムやデータのサイズは大きくなり，CPU の性能に比例した主記憶容量の増加が要求されている．

メモリデバイス技術において，一般に性能の向上と記憶容量の増加は両立しない．すなわち，高速な記憶デバイスは小容量であり，低速な記憶デバイスは大容量である．そのため，高速で大容量な主記憶を実現するためには，複数のメモリデバイスを組み合わせたメモリアーキテクチャ技術が重要である．

参照の局所性：locality of reference

メモリアーキテクチャの設計には，**参照の局所性**と呼ばれる法則が重要な役割を果たす．参照の局所性は，ある項目が参照されたとき，その項目やその近辺の項目が近い将来に再度参照される確率が高いことを表す．

記憶階層：memory hierarchy

参照の局所性を利用したのが，メモリの**記憶階層**である．記憶階層の例を図 1.6 に示す．記憶階層では CPU の近くに高速・小容量のメモリを配置し，CPU の遠くに低速・大容量のメモリを配置する．このように種類の異なる複数のメモリを組み合わせることにより，高速・大容量のメモリを実現する．記憶階層を利用して主記憶を高速にアクセスする機構が**キャッシュ**（メモリ）であり，主記憶を大容量化する機構が**仮想記憶**である．

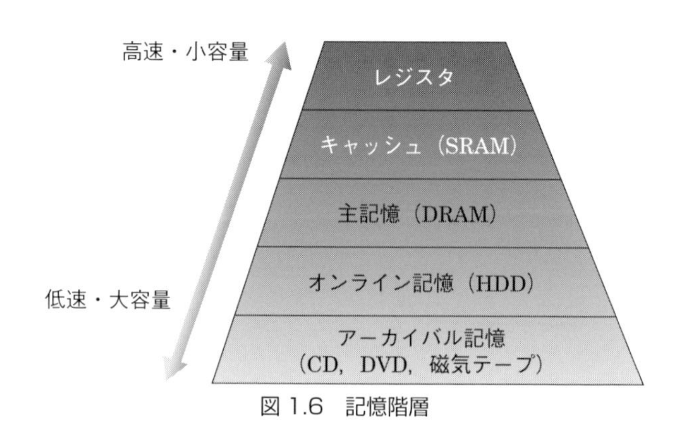

図 1.6　記憶階層

3. 入出力アーキテクチャの基本

入出力装置には，磁気ディスクなどの外部記憶装置と，キーボードやディスプレイ装置などがある．これら入出力装置は人間による操作や機械的操作を伴うため，動作速度はCPUの動作速度と比べて大きな差があり，CPUで直接制御すると効率が大幅に低下する．このため，CPUとは別個のハードウェアを設けて入出力制御を行う方式が一般にとられている．これを**DMA制御**と呼ぶ．

DMA：
Direct Memory Access

DMA制御では入出力操作はCPUとは非同期に動作する．すなわち，DMAはCPUと並行して動作し，入出力動作の完了などのイベントをCPUに通知する．CPUは割込み機構によりDMAからのイベントを受け取る．これを**入出力割込み**と呼ぶ．入出力割込みでは，通常の命令の実行中に割込みが発生すると，実行に必要な状態を退避した後で割込み処理を行い，割込み処理の終了後に退避した状態を復帰して元の命令の実行に戻る．割込み処理の流れを図1.7に示す．割り込まれたプログラムは割込みの発生を意識する必要がない．

入出力割込み：
I/O interrupt

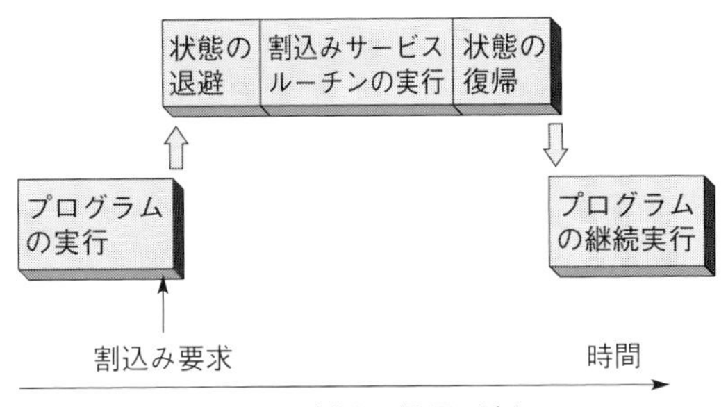

図１７　割込み処理の流れ

4. アーキテクチャとシステムソフトウェア

アーキテクチャの設計においては，ハードウェアとソフトウェアの両面から検討することが必要である．ここでは，システムソフトウェアからアーキテクチャへ要請される事がらについて考察する．

(a) コンパイラとアーキテクチャ

コンパイラ：
compiler

コンパイラは，高級言語で記述されたプログラムを機械語プログラムに翻訳するソフトウェアである．現代のコンピュータでは，ソフトウェアのほとんどが高級言語で記述されるため，コンパイラが効率良い機械語コードを生成できるように命令セットを設計することが不可欠である．コンパイラの処理過程を図 1.8 に示す．図のように高級言語で記述されたプログラムは字句解析，構文解析，意味解析を経て中間言語表現に変換され，さらにコード生成，最適化が行われて機械語に変換される．一般に中間言語はアーキテクチャとは独立に設定されるが，コード生成と最適化はアーキテクチャと関わりが深い．近年，コンパイラの最適化技術が大きく進歩し，高級言語で記述されたプログラムの実行効率が，人手で最適化された機械語プログラムに比較して遜色ないレベルとなってきている．コンパイラの最適化を支援するためには，命令セットがシンプルであることが望ましい．また，多くのレジスタを有することも有効である．命令セットとコンパイラの関係については，2.5 節で再度説明する．

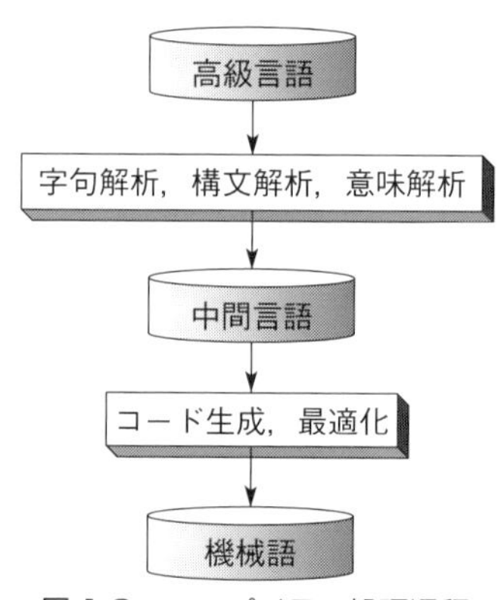

図 1.8　コンパイラの処理過程

(b) OS とアーキテクチャ

OS：Operating System

今日のコンピュータシステムに **OS** は不可欠なソフトウェアである．OS の役割はコンピュータシステムを使いやすくすること，かつ効率良く利用することであり，図 1.9 に示すように，OS はプロセッサ，メモリ，磁気ディスク装置などのハードウェア資源を管理することにより，さまざまな機能を提供している．以下では，ハードウェアの資源管理に関して OS とアーキテクチャとの関係を説明する．

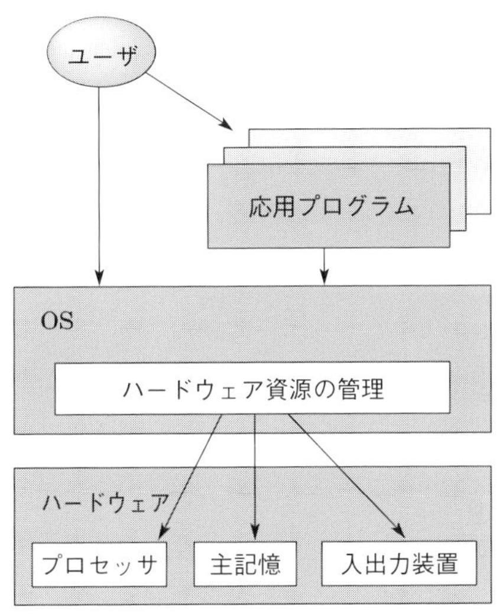

図 1.9　OS とアーキテクチャ

前述のように CPU と入出力装置には大きな速度差がある．このため，入出力操作は CPU が制御するのではなく，専用のハードウェアにより制御される方式がとられている．コンピュータシステム全体の性能を向上させるためには，CPU 処理を行うプロセスと入出力動作を行うプロセスが並行して動作する方式が望ましい．このように，複数プロセスが並行して動作する方式を**マルチプログラミング**と呼ぶ．OS はプロセッサ資源をプロセスに提供することにより，システム全体の効率の向上を図っている．また，OS はメモリ資源を管理することにより，複数プロセス間でのメモリの共用を実現している．さらに仮想記憶方式をもつコンピュータシステムでは，アーキテクチャと OS とが協力して主記憶の仮想化が実現されている．

マルチプログラミング：
multi-
programming

以上のような OS の機能を実現するためにアーキテクチャが備えるべき機能として，次のようなものがあげられる．

・OS が動作するモードとユーザプロセスが動作するモードの区別，およびモードの切換えを行う命令
・実行するプロセスを切り換えるための割込み機構
・複数プロセスが共用するメモリを保護する機構

1.4 コンピュータの性能

1. 評価の尺度

コンピュータの評価尺度としては，コストパフォーマンスが一般的である．商用機ではコストは金額として数値化されているが，ここでは性能の数値化について考察する．

スループット：throughput

応答時間：response time

性能を表す尺度として，**スループット**と**応答時間**の2つがある．スループットとは，一定時間に処理される作業の総量を表し，応答時間とは1つの作業を開始してから終了するまでの時間を表す．1台のコンピュータが多数のユーザにより共同利用されている場合は，スループットが適切な尺度であり，1台のコンピュータが1人のユーザの1つの作業に占有されている状況では，応答時間が適切な尺度である．応答時間には，ユーザプログラムのCPU実行時間以外にOSの実行時間，入出力待ち時間などが含まれるが，CPUの性能に焦点を絞るときはこれらを除外し，ユーザプログラムの実行時間のみについて議論する．性能とは一般に処理速度を表すものであり処理内容が同一のときに，実行時間の逆数と考えればよい．すなわち，実行時間が1/2になれば，性能は2倍になる．

CPI：Clock Per Instruction

クロックサイクル時間：clock cycle time

クロック周波数：clock frequency

(a) CPI

一般に，CPUは同期回路で構成されており，その動作はクロックにより制御されている．クロックの1周期を**クロックサイクル時間**，1秒〔s〕間のクロックサイクル数を**クロック周波数**（単位はHz）と呼ぶ．ここで

$$\text{クロック周波数〔Hz〕} = \frac{1}{\text{クロックサイクル時間〔s〕}}$$

である．最近のマイクロプロセッサでは，クロックサイクル時間は1 ns（=10億分の1秒=$1/10^9$〔s〕）以下であり，クロック周波数は1 GHz（ギガヘルツ，Gは10^9）を超えている．

ここで，命令とクロックの関係について説明する．一般に，命令の実行に必要なクロックサイクル数は命令の種類により異なる．この平均値を**CPI**と呼ぶ．CPIは次のようにして求められる．

プログラムの実行時間

$$
\begin{aligned}
&= \text{プログラムの実行に必要な総クロック数} \\
&\quad \times \text{クロックサイクル時間} \\
&= \frac{\text{プログラムの実行に必要な総クロック数}}{\text{クロック周波数}} \\
&= \frac{\text{実行命令数} \times \text{CPI}}{\text{クロック周波数}} \qquad (1.1)
\end{aligned}
$$

ここで，実行時間と実行命令数は測定可能であり，クロック周波数はマシンに固有の値として与えられるので

$$
\text{CPI} = \frac{\text{実行時間} \times \text{クロック周波数}}{\text{実行命令数}}
$$

により求められる．CPI は実行するプログラムにより異なる点に注意する必要がある．

一方，プログラムの実行における各命令の出現頻度が与えられる場合には，以下のように CPI を計算することができる．

$\text{CPI}_i = i$ 番目の命令の実行クロック数

$\text{C}_i = i$ 番目の命令の出現頻度

のとき

$$
\text{CPI} = \frac{\Sigma(\text{CPI}_i \times \text{C}_i)}{\text{実行命令数}}
$$

で求められる．

式（1.1）よりプログラムの実行時間を短縮する，すなわち CPU の性能を向上させる条件は

・クロック周波数を上げる

・CPI を下げる

・実行命令数を下げる

の 3 点であることがわかる．クロック周波数を上げるには，CPU の構造や命令をシンプルにすることが有効であり，CPI を下げるには，命令をシンプルにすることが有効である．しかし，実行命令数を下げるには，命令の機能を増やす必要がある．これらは相反する要求であり，すべてを満たすことは難しい．命令セットの設計においてはこれらの最適な**トレードオフ**をはかることが重要である．

なお，最近では命令レベル並列処理技術の進歩により，CPIが1以下となるマシンが登場するようになった．このため，CPIの代わりに**IPC**と呼ばれることもある．IPCはCPIの逆数であり，1クロックで実行される命令数の平均を表す．

IPC：Instruction Per Clock

MIPS：Million Instruction Per Second

(b) MIPS

MIPSとは，1秒間あたりの命令実行数を百万単位で表したものである．

$$\text{MIPS} = \frac{\text{実行命令数}}{\text{実行時間} \times 10^6}$$

MIPS値は単純で直感的にわかりやすいが，いくつかの欠点がある．まず，命令セットが異なるマシンの比較に適さない．命令セットが異なる場合は実行時間が同じでも実行命令数が異なるため，2つのマシンが同じ性能でもMIPS値は異なることになる．また，MIPS値は実行するプログラムに依存するため，同一マシンでもプログラムにより異なる値となりうる．さらにMIPS値と性能が逆転する場合がありうる．たとえば，実行クロック数の少ない複数の命令をまとめて単一の実行クロック数の多い命令に置き換えて高速化する場合，性能は向上するがMIPS値は低下する場合がある．

MFLOPS：Mega Floating point Operations Per Second

(c) MFLOPS

MFLOPSとは1秒間あたりの浮動小数点演算の実行数を，百万単位で表したものである．**スーパコンピュータ**は浮動小数点演算の性能に特徴をもっているため，MFLOPSが用いられる．スーパコンピュータのMFLOPS値の最大値は浮動小数点演算用ハードウェアがフルに稼動している状態のときであり，これはハードウェアの仕様から容易に求められる．これを**ピーク性能**と呼ぶ．一方，プログラムを実行されることにより求めたMFLOPS値を**実効性能**と呼ぶ．なお，スーパコンピュータの速度向上により，GFLOPS（10億），TFLOPS（1兆），PFLOPS（1 000兆）が用いられている．

2. 評価方法

以上の議論では，性能を測定するためには実行するプログラムを規定する必要がある．それでは，どのようなプログラムを用いて性能を測定すればよいのであろうか．使用目的が定まっているコンピュータのリプレースの場合には，実際に使われるプログラムを稼動させて性能を測定するのがよい．新しいコンピュータの設計の指標のためには，より一般的なプログラムが好ましい．コンピュータの性能評価を目的としたプログラムを**ベンチマークプログラム**と呼ぶ．ベンチマークプログラムには**カーネルベンチマーク**と合成ベンチマークの2つの種類がある．カーネルベンチマークとは，代表的なプログラムの核部分を取り出してベンチマークとしたものであり，**合成ベンチマーク**とは，命令の出現頻度をもとに人工的な命令列を作り出してベンチマークとしたものである．ベンチマークを目的としたプログラムには以下のものがある．

ベンチマークプログラム：
benchmark program

① **SPEC**：高性能コンピュータのベンチマークの標準化のために設立された非営利団体であり，一連のベンチマークのソースコードとツールを提供している．SPECでは，整数演算性能を評価する**CINT2006**として12個のプログラムと，浮動小数点演算性能を評価する**CFP2006**として14個のプログラムなどが用意されている．CINT2006とCFP2006の幾何平均値をそれぞれSPECint2006，SPECfp2006と呼ぶ．

SPEC：
Standard Performance Evaluation Corporation

② **LINPACK**：テネシー大学のJack Dongarraによって開発された，システムの浮動小数点演算能力を評価するためのベンチマークソフトである．LINPACKは，世界の高性能コンピュータのランキング「TOP500 Supercomputer」のベンチマークにも用いられている．

③ **TPC**：トランザクション処理と，データベース処理に関するベンチマークの設定を目的として制定されたベンチマークである．TPC-A，TPC-B，TPC-C，TPC-Dの4つのベンチマークが制定されている．中でも，トランザクション処理のベンチマークであるTPC-Cと，意思決定支援システムのベンチマークであるTPC-Dは，システム性能の代表的なベンチマークである．

TPC：
Transaction Processing Performance Council

3. アムダールの法則

コンピュータの性能改善のため，さまざまな手法が取り入れられるが，その効果を表すものとして**アムダールの法則**が有名である．

アムダール：
Gene M.Amdahl
(IBM system/360の設計者であり，その後IBMを退社してAmdahl社を設立し，IBM互換機を開発した.)

アムダールの法則とは,「全体の性能向上は, その手法が適用できる部分の全体に対する割合によって制限される」というものである. ある手法によって改善を行った場合のプログラムの実行時間は以下の式で表される.

$$\text{改善後の実行時間} = \frac{\text{改善の影響を受ける実行時間}}{\text{改善度}} + \text{改善の影響を受けない実行時間}$$

$$\text{改善度} = \frac{\text{改善前の実行時間}}{\text{改善後の実行時間}}$$

【例題】 実行時間が 100 秒のプログラムがあり, その 80 %が特定の処理であったとする. この処理を 10 倍高速化する手法があった場合, 改善後の実行時間および改善度はどうなるか. また, 100 倍高速化した場合はどうなるか.

【解答】

10 倍のとき, 改善後の実行時間は

$80/10 + 20 = 28$ 秒

改善度は

$100/28 = 3.57$

100 倍のとき, 改善後の実行時間は

$80/100 + 20 = 20.8$ 秒

改善度は

$100/20.8 = 4.81$

この結果は, 80 %の特定の処理だけをいくら改善しても, 全体の性能を 5 倍以上改善することはできないこと, すなわち改善の影響を受けない実行時間により改善の効果が限定されることを意味している.

アムダールの法則はハードウェアだけでなくソフトウェアにも当てはまるものであり, 第 8 章で述べる並列処理の限界を示す法則としても有名である. コンピュータの設計においてアムダールの法則は, 部分的な改善よりも一般的な場合の改善が有効であること, すなわち改善の影響を受けない部分を最小化することの重要性を示している.

1.5 コンピュータの消費電力

最近のコンピュータでは，消費電力が重要視されている．ローエンドの携帯端末やノートPCでは，電池の消費を抑えることが重要であり，ハイエンドのスーパコンピュータや大規模データセンタでは，大規模なシステムを実現するうえで消費電力を抑えることが最大の障壁となっている．このため，さまざまな低消費電力技術が開発されている．

リーク電流：leakage current

コンピュータを構成するCMOSゲートの消費電力には，CMOSトランジスタのスイッチング時に消費する動的な消費電力と，CMOSゲートからの漏れ電流（**リーク電流**）による静的な消費電力がある．動的な消費電力は以下の式で表される．

$$P = \frac{CV^2 \times a \times f}{2}$$

ここに，P：消費電力，C：負荷容量，V：電源電圧，f：周波数
a：出力がスイッチする割合

上記の式より，動的な消費電力を下げるには，電源電圧を下げる，周波数を下げる，出力がスイッチする割合を下げる方法が考えられる．この数十年で，電源電圧は5Vから1Vに下がり，低消費電力化に大きく貢献してきた．しかし，これ以上電源電圧を下げることも困難であり，最近のプロセッサではさまざまな低消費電力化技術に取り組んでいる．以下に例を挙げる．

- **power gating**：動作しない回路ブロックの電源を遮断する技術である．しかし，電源の投入時に大きな電力を必要とするため，頻繁にオンオフを繰り返すことは逆効果となる．さらに，メモリの電源を遮断すると記憶内容が失われるため，電源投入時にメモリを再設定するオーバヘッドがかかる．
- **clock gating**：動作しない回路ブロックのクロックを遮断する技術である．これにより，回路の出力がスイッチする割合を減らすことができる．

DVFS：Dynamic Voltage and Frequency Scaling

- **DVFS**：プロセッサを構成する各モジュールの利用状況に応じて電源電圧や周波数を動的に変化させる技術である．プロセッサの動作状況に余裕があるときに，電圧や周波数を下げること

により消費電力を抑えることができる．

一方，リーク電流はトランジスタをオフにしても流れる電流であり，半導体の微細化が進むにつれて無視できなくなってきた．これを抑えるため，低リーク電流トランジスタを用いる方法がとられている．また，power gating による電源の遮断も有効である．

最近では，プロセッサだけでなく，入出力装置や OS までも含めたシステム全体としての低消費電力化が進んでいる．

演習問題

問1　以下の表の空欄を埋めよ．

年	計算機名	人　名	説　明
1946			世界最初の電子計算機
1956			日本最初の電子計算機
1964			世界初の汎用機
1971			世界最初のマイクロプロセッサ

問2　コンピュータの性能を向上させることにより，スループットは改善されるが応答時間は改善されない場合がある．このような例をあげよ．

問3　クロック周波数が 1GHz のマシンであるプログラムを実行したところ，CPI が 4 となった．このときの MIPS 値を求めよ．

問4　あるプログラムの実行において，各命令の実行に要するクロックサイクル数と各命令の実行頻度は以下のようになった．このプログラムの CPI を求めよ．

命令	クロックサイクル数	実行頻度〔%〕
A	1	50
B	2	30
C	3	20

問5　実行時間が 100 秒のプログラムがあり，その 90 %が特定の処理であったとする．プログラム全体を 5 倍高速化するためには，特定の処理を何倍高速化する必要があるか．

問6　LSI の微細化によりコンピュータの性能が向上する理由を説明せよ．

第2章 命令セットアーキテクチャ

命令セットアーキテクチャとはコンピュータのハードウェアとソフトウェアのインタフェースであり，コンピュータアーキテクチャの最も基本となるものである．本章では命令セットの基本となる方式について学ぶとともに，教育的に優れた命令セットをもつMIPSプロセッサを具体例として，命令セットがどのように設計されるかを学ぶ．

2.1 命令セットとは

機械語：machine language

命令形式：instruction format

アセンブリ言語：assembly language

アセンブラ：assembler

機械語命令はプログラムを構成する最も基本となる操作であり，ハードウェアにより解読されるため規則的な形式をもっている．これを**命令形式**と呼ぶ．命令形式の種類が少ないほど解読が容易となり，ハードウェアが高速に動作する．機械語は2進数で表されるため，コンピュータにとって解読は容易であるが人間にとっては読みにくい．そのため，機械語命令の説明や記述には記号表現したものを用いる．これを**アセンブリ言語命令**と呼ぶ．アセンブリ言語命令は基本的に機械語命令と1対1に対応する．アセンブリ言語で記述されたプログラムは，**アセンブラ**により機械語命令に翻訳されて実行される．

コンパイラ：compiler

通常，プログラムはCやFORTRANなどの高級言語で記述され，**コンパイラ**によりアセンブリ言語を経由して最終的に機械語に翻訳される．プログラムの大半は高級言語で記述されるため，命令セットは高級言語で書かれたプログラムを効率良く実行するように設計されなければならない．コンピュータの命令セットの設計において，コンパイラの翻訳方法を考慮することと，ハードウェアにより効率良く実現できることのバランスをとることが重要である．

2.2 命令形式

命令コード：instruction code（操作コード〔operation code〕と呼ぶ場合もある）

オペランド：operand

機械語命令はいくつかのフィールドから構成される．図2.1に示すように機械語命令には**命令コード**と**オペランド**が含まれる．命令コードは命令の種類を表し，オペランドは命令で使用するデータ（レジスタや主記憶に格納された変数や定数）を指定する．機械語命令には，以下の種類がある．

図2.1　命令形式

ロード命令：load instruction

ストア命令：store instruction

① **演算命令**：ALUを用いて演算を行う命令である．ALUは2入力1出力のポートをもち，算術演算，論理演算，シフト演算などを行う．演算の対象となるデータや演算結果はレジスタや主記憶に格納される．

② **データ転送命令**：レジスタや主記憶間でデータを転送する命令である．主記憶からレジスタへの転送を**ロード命令**，レジスタから主記憶への転送を**ストア命令**と呼ぶ．

③ **プログラム制御命令**：プログラムの実行順序を制御する命令である．特定のアドレスの命令に分岐する分岐命令と，サブルーチンを呼び出す命令，サブルーチンから復帰する命令などがある．**分岐命令**には**無条件分岐命令**と**条件分岐命令**の2つがある．

④ その他の命令：入出力のための命令や，OSの呼出しなどのシステム制御用の命令である．

ソースオペランド：
source operand

ディステーション
オペランド：
destination
operand

オペランドには**ソースオペランド**と**デスティネーションオペランド**があり，ソースオペランドは入力データを，デスティネーションオペランドは出力データを示す．

1命令内に指定されるオペランド数により命令形式を分類すると，以下のように分類される．

(a) 3アドレス方式

命令内に2つのソースオペランドと1つのデスティネーションオペランドを指定する方式である．すなわちALU演算に必要なオペランド（2入力，1出力）を1命令で指定することができる．例えば，E＝(A＋B)－(C＋D) は以下のように3命令で表現できる．ただし，命令の記述はアセンブリ言語とし，//以下は命令の動作を説明するコメントを表す．フィールドの記述は命令コード，デスティネーションオペランド，第1ソースオペランド，第2ソースオペランドの順とする．

```
ADD  T1,A,B      //A+BをT1（一時記憶）に書き込む
ADD  E,C,D       //C+DをEに書き込む
SUB  E,T1,E      //T1-EをEに書き込む
```

ADD，SUBはそれぞれ加算，減算を表す命令コードとする．

ここでは，変数A，B，C，Dが格納されている領域を破壊しないようにするため，1つの一時記憶（T1）が必要となる．一時記憶には一般にレジスタが用いられる．

(b) 2アドレス方式

ソースオペランドの一方とデスティネーションオペランドを同一とすることにより，1命令内で指定するオペランド数を2とした方式である．E＝(A＋B)－(C＋D) は以下の6命令で表現できる．ただし，フィールドの記述は命令コード，デスティネーションオペランド，ソースオペランドの順とする．

```
LOAD  T1,A       //AをT1（一時記憶）にロードする
ADD   T1,B       //T1+BをT1に書き込む
LOAD  T2,C       //CをT2（一時記憶）にロードする
```

```
ADD   T2,D      //T2+D を T2 に書き込む
SUB   T1,T2     //T1－T2 を T1 に書き込む
STORE T1,E      //T1 を E に格納する
```

このように，変数AとCに格納されている内容を破壊しないようにするため，2つの一時記憶（T1，T2）が必要となる．命令数は転送命令が増えて6となる．

(c) 1アドレス方式

ソースオペランドの一方とディスティネーションオペランドを特定のレジスタ（**アキュムレータ**：ACCと呼ぶ）に固定することにより，1命令内で指定するオペランド数を1とした方式である．E＝(A＋B)－(C＋D) は以下の9命令で表現できる．

アキュムレータ：accumulator

```
LOAD  A         //A を ACC にロードする
ADD   B         //ACC+B を ACC に書き込む
STORE T1        //ACC を T1（一時記憶）に書き込む
LOAD  C         //C を ACC にロードする
ADD   D         //ACC+D を ACC に書き込む
STORE T2        //ACC を T2（一時記憶）に書き込む
LOAD  T1        //T1 を ACC にロードする
SUB   T2        //ACC－T2 を ACC に書き込む
STORE E         //ACC を E に書き込む
```

このように，2つの一時記憶（T1，T2）が必要となり，命令数は演算ごとに2つの転送命令が必要となるので9となる．

ただし，C＋Dを先に計算してT1に書き込めば，A＋Bの結果をT2に格納することなく減算を実行できるので，LOAD，STORE命令を1個ずつ減らすことができる．その結果，命令数は7，必要な一時記憶は1つとなる．

(d) 0アドレス方式

演算に使用するオペランドを**スタック**の先頭2語と限定した方式である．メモリとスタック間の転送命令（PUSH，POP）にはアドレス指定が必要であるが，演算命令はスタックの先頭に対して行

スタック：stack

われ，演算結果もスタックの先頭に格納されるため，演算命令においてオペランド指定が不要となる．E＝(A＋B)－(C＋D) は以下の8命令で表現できる．

```
PUSH C    //C をスタックにプッシュする
PUSH D    //D をスタックにプッシュする
ADD       //スタックの先頭2語（D と C）を POP して加算を
            行い，結果をスタックの先頭にプッシュする
PUSH A    //A をスタックにプッシュする
PUSH B    //B をスタックにプッシュする
ADD       //スタックの先頭2語（B と A）を POP して加算を
            行い，結果をスタックの先頭にプッシュする
SUB       //スタックの先頭2語（A+B と C+D）を POP して
            減算を行い，結果をスタックの先頭にプッシュす
            る
POP E     //スタックの先頭を E に格納する
```

これらを比較すると，0アドレス方式を除いて命令内で指定できるオペランド数が多いほど1つの命令の表現力が豊かとなり，同一機能をより少ない命令数で表現することができ，使用する一時記憶も少なくなる．命令内で指定できるオペランド数が少ない0アドレス方式や1アドレス方式は，必要とされるレジスタ数が少ないため CPU のロジックが簡単となり，初期のコンピュータで用いられた．しかし，LSI 技術の発展により CPU 内に多数のレジスタを設けることが容易になり，最近のコンピュータではほとんど2アドレス方式あるいは3アドレス方式がとられている．

命令長は，オペランドがレジスタかメモリかにより大きく異なる．2アドレスあるいは3アドレス方式において，オペランドがレジスタであるかメモリであるかにより命令形式を分類すると，以下のように分類できる．

- **R-R 形式**：2つのオペランドがともにレジスタ
- **R-M 形式**：2つのオペランドの一方がレジスタで他方がメモリ
- **M-M 形式**：2つのオペランドがともにメモリ

2.3　アドレッシング

語長：
word length

CPU 内部のデータの長さは一定である．これを**語長**と呼ぶ．CPU 内部での演算は語を単位として行われ，主記憶やレジスタのビット長は語長と一致する．半導体の高集積化に伴い，語長は増大する傾向にあり，現在は 32 ビットから 64 ビットへと移行しつつある．しかし，文字コードは 8 ビット（**1 バイト**）を基準とするため，文字列処理のためにはバイト単位で主記憶にアクセスできることが望ましく，主記憶はバイト単位にアドレス付けされている．

ビッグエンディアン：
big endian

リトルエンディアン：
little endian

語長が 32 ビットのコンピュータにおいて，語内のバイトのアドレスの指定に**ビッグエンディアン**と**リトルエンディアン**の 2 つの方式がある．図 2.2 に示すように語内のバイトアドレスの順序が異なる．ビッグエンディアンでは 2 進数表記で下位 2 ビットが 00 のアドレスが語の最上位桁に対応し，リトルエンディアンでは逆に下位 2 ビットが 00 のアドレスが語の最下位桁に対応する．ビット位置の指定方法も同様である．このような方式の違いがあるため，異なる方式のコンピュータ間でデータを送受信する際に注意が必要である．

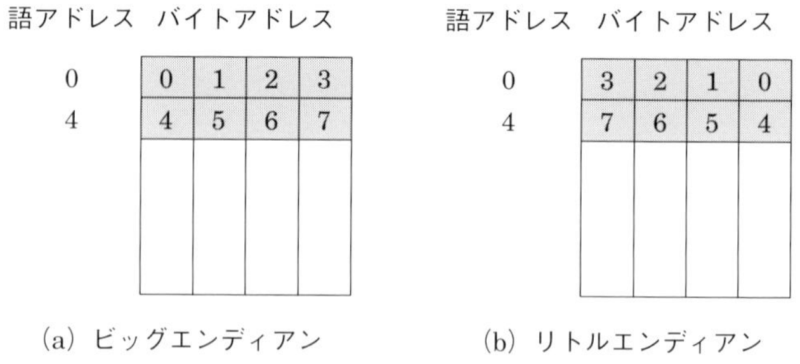

語アドレス	バイトアドレス			
0	0	1	2	3
4	4	5	6	7

(a) ビッグエンディアン

語アドレス	バイトアドレス			
0	3	2	1	0
4	7	6	5	4

(b) リトルエンディアン

図 2.2　ビッグエンディアンとリトルエンディアン

整列化制約：
alignment
restriction

一般に語長が 32 ビットのコンピュータでは，語のアドレスは 4 の倍数でなければならないという制約（**整列化制約**）がある．例えば，0〜3 番地の 4 バイトは 1 語として扱えるが，2〜5 の 4 バイトは 1 語として扱うことはできない．この制約により，主記憶の構造を単純化することができる．

命令も主記憶に格納されるため，命令の長さも語長を基準として決められる．命令長が1語の場合，命令の取出しが1回のメモリアクセスで実行できるため効率が良い．すべての命令の長さを1語としたものを**固定長命令**と呼び，命令の種類により命令長が変わる方式を**可変長命令**と呼ぶ．

固定長命令：fixed length instruction

可変長命令：variable length instruction

1語32ビットのコンピュータにおいて，アドレス空間は通常32ビットで表される．しかし固定長命令では1命令の長さを1語に収めることが重要であり，命令内のオペランド指定部の長さは32ビットより短くなる場合がある．命令のオペランドとして主記憶アドレスを指定する場合は，アドレス空間内の任意のアドレスを命令のオペランド指定部で直接指定することができないため，命令からオペランドであるメモリアドレスを指定する方法にさまざまな工夫が凝らされている．これを**アドレッシング**と呼ぶ．アドレッシングとして以下のものがある．

直接アドレッシング：direct addressing

① **直接アドレッシング**：命令のオペランド指定部を直接オペランドのアドレスとする（図2.3）．この方法では命令のオペランド指定部でメモリ空間全体を指定できるビット数が必要となる．

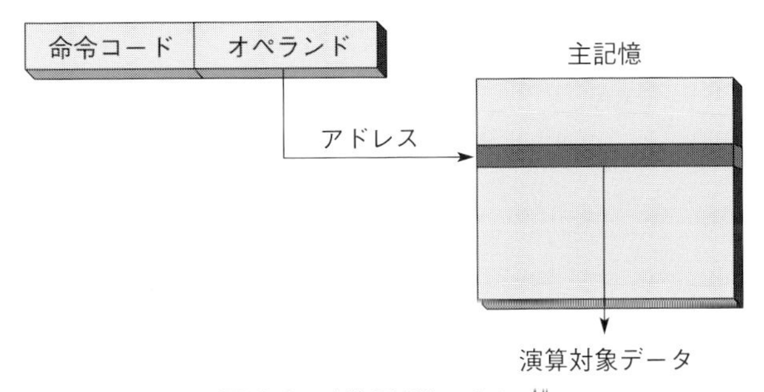

図2.3 直接アドレッシング

間接アドレッシング：indirect addressing

② **間接アドレッシング**：命令のオペランド指定部をアドレスとして一度メモリから読み出し，読み出した内容をオペランドのアドレスとする（図2.4）．命令のオペランド指定部としてレジスタを指定する場合を**レジスタ間接アドレッシング**と呼ぶ．

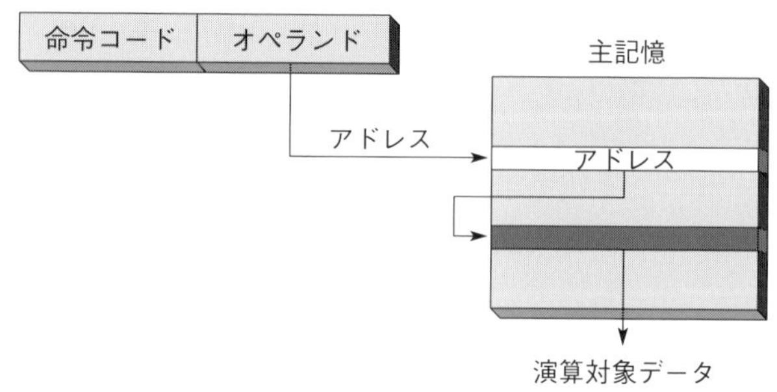

図 2.4　間接アドレッシング

即値アドレッシング：immediate addressing

③ **即値アドレッシング**：命令のオペランド指定部に直接オペランドの値を記述する（図 2.5）.

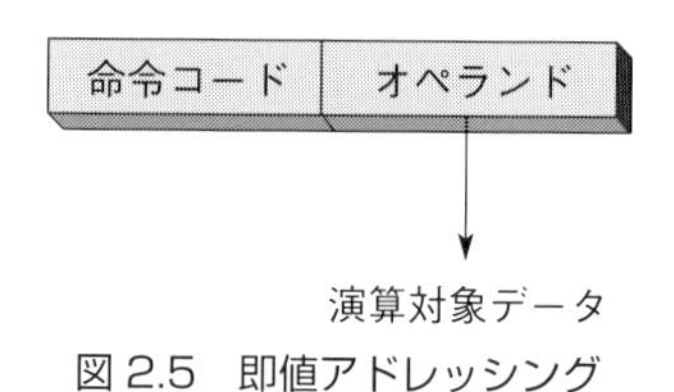

図 2.5　即値アドレッシング

相対アドレッシング：relative addressing

ベースレジスタ：base register

オフセット：offset

インデックス修飾：index modification

インデックスレジスタ：index register

④ **相対アドレッシング**：命令のオペランド指定部と基準点との和によりオペランドアドレスを求める．基準点としてレジスタを指定する場合を**レジスタ相対アドレッシング**（図 2.6）と呼び，基準となるレジスタを**ベースレジスタ**，それに加えられる命令のオペランドを**オフセット**と呼ぶ．

⑤ **インデックス修飾**：レジスタ相対アドレスと同様に，命令のオペランド指定部とレジスタの和によりアドレスを求める方式であるが，命令のオペランドを基準点とし，レジスタの値をオフセットとする方式である．このようなレジスタを**インデックスレジスタ**と呼ぶ．例えば，**配列**は主記憶上に連続的に格納されるので，配列の開始アドレスを基準点として命令のオペランドに指定し，インデックスレジスタの値を規則的に変化させることにより，配列の要素を連続的にアクセスすることができる（図 2.7）．また，インデックス修飾は他のアドレッシングと組み合わせて用いられる場合もある．この場合は，他のアドレッ

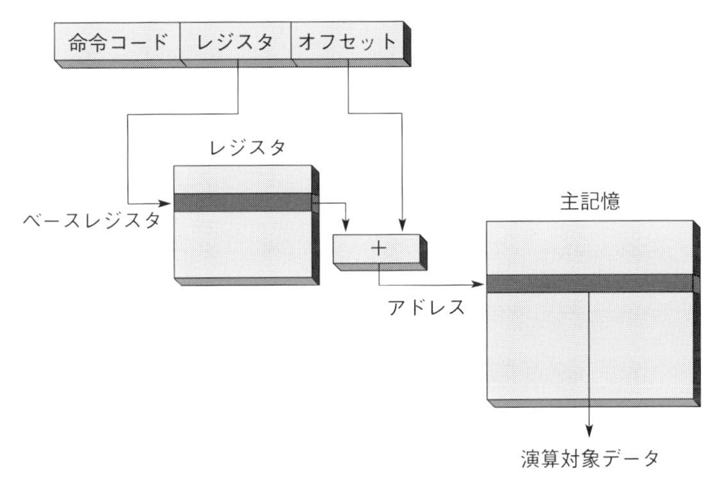

図 2.6 レジスタ相対アドレッシング

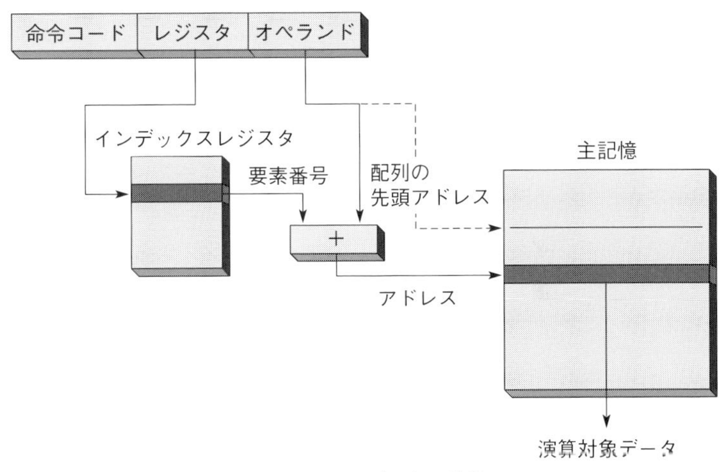

図 2.7 インデックス修飾

シングで求まったアドレスにインデックスレジスタの値を加える．図 2.8 にレジスタ相対アドレッシングとインデックス修飾の組合せを示す．

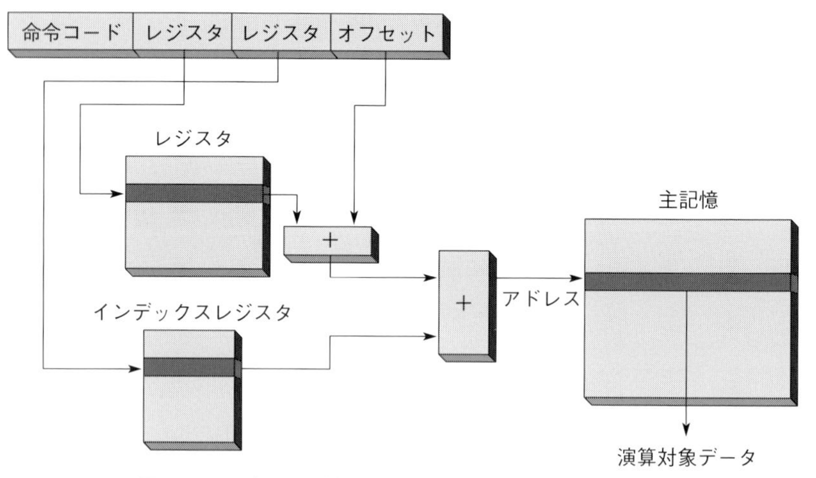

図 2.8　レジスタ相対アドレッシングのインデックス修飾

2.4　命令セットの例

本章では代表的な RISC アーキテクチャであり，優れた命令セットをもつ MIPS の基本的な部分をモデルとして取り上げ，命令セットを説明する．本モデルは 32 ビット幅のレジスタが 32 個あり，これらを $r0 から $r31 まで番号付けする．なお，アセンブリ言語表記でレジスタを指定するときは先頭に $ をつける．ただし，$r0 は常に zero の値をもつものとし，$r0 への値の代入は無視される．主記憶は語長 32 ビット幅で 2^{32} バイトのアドレス空間をもつ．

レジスタは主記憶よりも高速にアクセスできるので，レジスタをうまく利用するとプログラムの実行が高速になる．演算は，主記憶のデータをレジスタに移し（ロード），レジスタ上で演算を行い，結果をレジスタから主記憶に移す（ストア）という操作で行われる．このようにレジスタ上でのみ演算を行う方式を**ロードストアアーキテクチャ**と呼ぶ．

ロードストアアーキテクチャ：
load store architecture

命令セットには以下の 3 種類の命令形式がある．

① R 形式：演算を表す命令の形式であり，次の 6 つのフィールドより構成される．

op	rs	rt	rd	shamt	funct
6 bit	5 bit	5 bit	5 bit	5 bit	6 bit

op：命令コード
rs：第 1 のソースオペランドとなるレジスタ番号
rt：第 2 のソースオペランドとなるレジスタ番号
rd：デスティネーションオペランドとなるレジスタ番号
shamt：シフト量（シフト命令で用いられる）
funct：機能コード（命令コードの補助として用いられる）

② I 形式：データ転送命令の形式であり，次の 4 つのフィールドより構成される．

op	rs	rt	address
6 bit	5 bit	5 bit	16 bit

op：命令コード
rs：第 1 のソースオペランドとなるレジスタ番号
rt：第 2 のソースオペランドとなるレジスタ番号
address：メモリアドレスの指定に用いられる

③ J 形式：ジャンプ用命令形式であり，次の 2 つのフィールドより構成される．

op	address
6 bit	26 bit

op：命令コード
address：メモリアドレスの指定に用いられる

このように，命令形式は 3 種類と少なく，また命令の長さはすべて 32 ビットと固定長であり，オペランドとなるレジスタを指す位置が異なる命令形式間で共通であるなどの点でハードウェアによる解読が容易であり，高速化につながる．

1. 命令の種類

(a) 演算命令

四則演算，論理演算などの演算はレジスタ間で行われ，R 形式で表される．例えば

```
add $r1,$r2,$r3
```

は，レジスタ $r2 とレジスタ $r3 の和をレジスタ $r1 に格納することを表す．主要な演算命令を表 2.1 に示す．

表 2.1　演算命令

命令の種類	アセンブリ言語の表記	動作
加算	add $r1, $r2, $r3	$r1 = $r2 + $r3
減算	sub $r1, $r2, $r3	$r1 = $r2 - $r3
乗算	mult $r1, $r2, $r3	$r1 = $r2 * $r3
除算	div $r1, $r2, $r3	$r1 = $r2 / $r3
論理積	and $r1, $r2, $r3	$r1 = $r2 & $r3
論理和	or $r1, $r2, $r3	$r1 = $r2	$r3
排他的論理和	xor $r1, $r2, $r3	$r1 = $r2 ^ $r3
左シフト	sll $r1, $r2, n	$r1 = $r2 << n
右シフト	srl $r1, $r2, n	$r1 = $r2 >> n

(b) データ転送命令

主記憶からレジスタへの転送命令を**ロード命令**，レジスタから主記憶への転送命令を**ストア命令**と呼ぶ．ロード命令，ストア命令ともI形式で表される．ここで，I形式では，address フィールドが 16 ビットである．これにより指定できる主記憶は 2^{16} の範囲に限られるので，レジスタ相対アドレッシングを用い，レジスタの値と address フィールドの和により主記憶アドレスを指定する．例えば

```
lw $r1,32($r3)
```

では，レジスタ $r3 の値+32 をアドレスとする主記憶の内容をレジスタ $r1 にロードし

```
sw $r1,48($r3)
```

では，レジスタ $r1 の値を，主記憶のレジスタ $r3 の値+48 をアドレスとする場所に書き込む．転送命令には語を転送単位とする命令（lw，sw）と，バイトを転送単位とする命令（lb，sb）が用意されている．語を単位とする場合は整列化制約のため，アドレスは 4 の倍数となる．これらを表 2.2 に示す．

表 2.2　データ転送命令

命令の種類	アセンブリ言語の表記	動作
load word	lw $r1, n($r2)	$r1 = MM[$r2 + n]
store word	sw $r1, n($r2)	MM[$r2 + n] = $r1
load byte	lb $r1, n($r2)	$r1 = MM[$r2 + n]
store byte	sb $r1, n($r2)	MM[$r2 + n] = $r1

(c) プログラム制御命令

プログラムの実行順序を制御する命令として，条件分岐，無条件分岐，テスト，手続き呼び出しのための命令が備わっている．それぞれについて説明する．

①条件分岐命令

高級言語の if 文を実行するには条件分岐命令が必要となる．条件分岐命令では，命令中に指定された条件を満たすとき，命令中に指定された分岐先に分岐し，条件を満たさないときには次の命令に移行する．条件分岐命令として以下の 2 つの命令が備わっている．

```
beq  $r3,$r4,L1
bne  $r3,$r4,L2
```

最初の例（beq）は，$r3 と $r4 が等しければラベル L1 に分岐し，等しくなければ次の命令に移行する．次の例（bne）は，$r3 と $r4 が等しくなければラベル L2 に分岐し，等しければ次の命令に移行する．いずれも第 1，第 2 オペランドがレジスタを指し，第 3 オペランドは分岐先アドレスを指す I 形式の命令である．なお，ラベルからアドレスへの変換はアセンブラで行われる．

②無条件分岐命令

無条件分岐命令は高級言語の goto 文に相当し，次に実行する命令のアドレスを指定する．ジャンプ命令は

```
j  L1
```

と表され，ラベル L1 に分岐する．また，分岐先アドレスを命令の中で指定するのではなく，間接的にレジスタを介して分岐先アドレスを示すレジスタ分岐命令もある．

```
jr  $r1
```

は，レジスタ $r1 の内容が示すアドレスに分岐する．

③テスト命令

高級言語の if 文の中の条件として，等しい（==），等しくない（!=），大きい（>），小さい（<），以上（>=），以下（<=）の 6 種類が必要である．しかし MIPS では条件分岐命令では beq 命令と bne 命令の 2 つしか備わっていない．その代わりほか

の 4 種類の条件分岐を実行するために，テスト命令が備わっている．

```
slt  $r1,$r2,$r3
```

は，レジスタ **$r2** の値が **$r3** の値より小さいときにレジスタ **$r1** を 1 に設定し，そうでないときには **$r1** を 0 に設定する．slt 命令と beq 命令，bne 命令を組み合わせることにより，上記の 4 種類の条件分岐が 2 命令で実現できる．これを表 2.3 に示す．

表 2.3　slt 命令を用いた条件分岐

条件	命令	動作
<=	slt　$r1, $r3, $r2 beq　$r1, $zero, L1	$r3 < $r2 のとき $r1 = 1 $r1 == 0($r2 <= $r3) のとき L1 に分岐
<	slt　$r1, $r2, $r3 bne　$r1, $zero, L1	$r2 < $r3 のとき $r1 = 1 $r1!= 0($r2 < $r3) のとき L1 に分岐
>=	slt　$r1, $r2, $r3 beq　$r1, $zero, L1	$r2 < $r3 のとき $r1 = 1 $r1 == 0($r2 >= $r3) のとき L1 に分岐
>	slt　$r1, $r3, $r2 bne　$r1, $zero, L1	$r3 < $r2 のとき $r1 = 1 $r1!= 0($r2 > $r3) のとき L1 に分岐

④手続き呼出し命令

```
jal  procedure
```

は，手続きのアドレスに分岐する．このとき，手続きのアドレスに無条件分岐するだけでなく，手続きからの戻りアドレスをレジスタ **$r31** に格納する．手続きから戻るときは，レジスタ分岐命令

```
jr  $r31
```

を用いればよい．

以上をまとめたものを表 2.4 に示す．

表 2.4　プログラム制御命令

命令の種類	アセンブリ言語の表記	動作
条件分岐（==)	beq $r1, $r2, Label	$r1 == $r2 のとき分岐
条件分岐（!=)	bne $r1, $r2, Label	$r1!= $r2 のとき分岐
無条件分岐	j Label	Label に分岐
無条件レジスタ分岐	jr $r1	$r1 の指す番地に分岐
テスト	slt $r1, $r2, $r3	$r2 < $r3 のとき $r1 = 1
手続き呼出し	jal Procedure	Procedure に分岐 戻り番地を $r31 に格納

即値命令：immediate instruction

(d) 即値命令

プログラム中で使われる定数には0や1など小さい値のものが多い．一般に，定数はコンパイラにより主記憶の特定の場所に割り当てられ，プログラム中で用いられるときにロード命令で読み出される．しかし，小さい定数に関しては，命令中にオペランドとして直接指定することができると定数のロード命令が不要となり，定数をメモリから読み出す方式に比べて有利である．このような命令を即値命令と呼ぶ．本モデルでは以下のような即値命令が用意されている．

```
addi  $r1,$r1,4
slti  $r1,$r2,10
```

これらの命令はI形式のaddressフィールドを用いるため，定数の範囲は16ビットまで表現できる．即値命令を表2.5に示す．

表2.5　即値命令

命令の種類	アセンブリ言語の表記	説明
add immediate	addi $r1, $r2, n	$r1 = $r2 + n
and immediate	andi $r1, $r2, n	$r1 = $r2 & n
or immediate	ori $r1, $r2, n	$r1 = $r2 | n
xor immediate	xori $r1, $r2, n	$r1 = $r2 ^ n
set less than immediate	slti $r1, $r2, n	$r2 < n のとき $r1 = 1

2. アドレッシング

機械語命令では，データ転送命令，あるいは分岐命令において主記憶のアドレスが指定される．本モデルのアドレッシングモードには，以下の種類がある．

- **レジスタアドレッシング**：オペランドとしてレジスタを取る．
- **ベース相対アドレッシング**：命令中に指定された定数とレジスタの和により，主記憶のアドレスを生成する．
- **即値アドレッシング**：命令中に指定された定数をオペランドとする．
- **PC相対アドレッシング**：プログラムカウンタ（PC）と命令中に指定された定数の和により，主記憶のアドレスを生成する．
- **擬似直接アドレッシング**：命令中の26ビットとプログラムカ

　ウンタの上位ビットを連結して主記憶のアドレスを生成する.
・**レジスタ間接アドレッシング**：命令中に指定されたレジスタの内容を主記憶アドレスとする.

以上のアドレッシングモードを図 2.9 に示す.

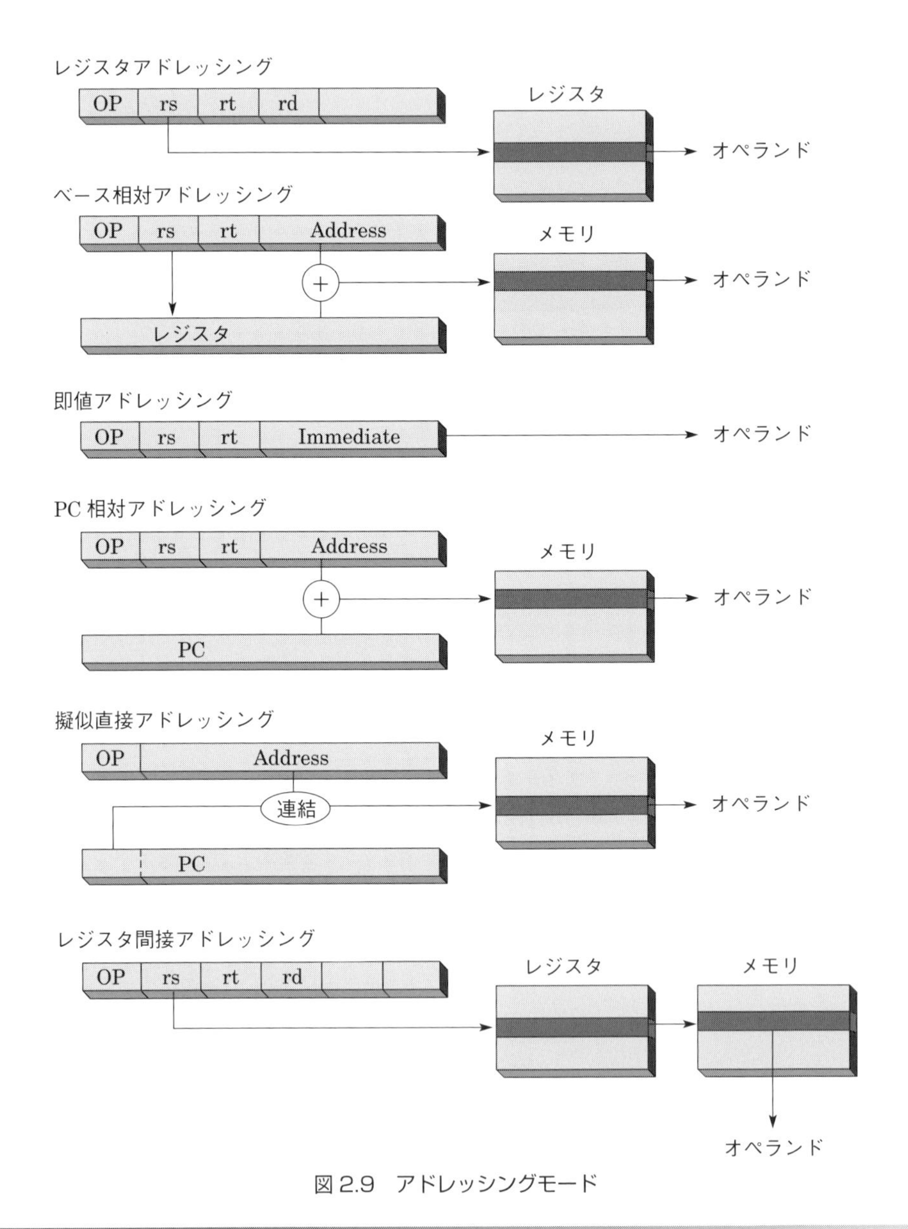

図 2.9　アドレッシングモード

Column Intel80x86 の命令セット

マイクロプロセッサ市場のリーダである Intel は 1978 年に 8086 を発表し，それ以降 80286，80386，Pentium，Pentium Pro を次々と発表しているが，これら一連のアーキテクチャは既存のソフトウェア資産の継承を目的として命令セットの互換性を重視し，80x86 と呼ばれている．8086 は 16 ビットアーキテクチャであったが，80386 からは 32 ビットに拡張された．最近ではマルチメディア処理の高速化のため，MMX，SSE と呼ばれる命令を追加している．これらはビット幅の長いレジスタを用意し複数のデータを詰め込むことにより，単一命令でこれらを処理するものであり，**SIMD**（Single Instruction Multiple Data）**命令**と呼ばれている．

演算命令は 2 つのオペランドをもつ．オペランドはレジスタとメモリの双方を指定でき，R-R 形式，R-M 形式がある．整数データタイプとして，8 ビット，16 ビット，32 ビットを扱える．80x86 の特徴的な命令として，文字列の転送や比較などの命令がある．これらは 8086 からの遺物であり，主に互換性のために設けられている．命令長は 1 バイトから 17 バイトまでとさまざまであり，命令形式もさまざまなものを含むため，デコードは非常に複雑になっている．

2.5 命令セットの設計指針

命令セットアーキテクチャはハードウェアとソフトウェアのインタフェースであるため，**命令セット**の設計にはソフトウェアからの検討とハードウェアからの検討の双方が必要である．1970 年代後半に高級言語指向の命令セットを備えた高級言語マシンが活発に提案された．これは機械語のレベルを上げることにより，高級言語のインタプリタをハードウェアで解釈実行することを狙ったものである．しかしながら，さまざまな高級言語に対応できる一般化した機械語の設定は困難であり，キャッシュやパイプラインなどのハードウェア技術の進歩との対応がとれないなどの理由で，商業的には成功しなかった．

一方，コンパイラ技術の進歩とともに，**コンパイラ**が最適化しやすい命令セットを備えるほうが，より効率良くプログラムを実行できることが明らかとなった．このような立場からの命令セットの設計指針として，著名なコンパイラ開発者である**ウルフ**が以下のような指針を示している．

ウルフ：William A. Wulf

規則性：
regularity

① **規則性**：ある機能がある方法で実現されているならば，すべてのところで同じ方法を用いて実現すべきである．例えば，命令によってオペランドアドレスの機能が異なる，転送先オペランドと転送元オペランドが対称でないなどはこの指針に反している．

直交性：
orthogonality

② **直交性**：命令セットの定義をいくつかの独立した要素に分けることができる．例えば，命令コード，データの型，アドレッシング方法などは互いに独立に定義するのがよい．同一の操作に対してオペランドが異なるとき命令コードが変わるのは，この指針に反している．

組合せ可能性：
composability

③ **組合せ可能性**：上記の①，②が満たされる場合には，これらの機能を任意に組み合わせることができる．例えば，命令コード，アドレッシング方法，データの型について任意の組合せが使えなければならない．

④ **1対全**：あることを行うのに1つしか方法がないか，逆にすべての方法が可能かのどちらかがよい．たとえば，条件分岐において，すべての==，!=，>，<，>=，<=の条件について，==と>の2つの比較による条件分岐命令により他のすべてを一意に表現できる．逆に，6つの比較による条件分岐命令があれば，最適なものは一意に決まる．このように最小限の機能を用意するか，すべての機能を用意するかのいずれかがよい．

⑤ 解決策そのものではなく基本操作：必要な機能そのものよりも，必要な機能を合成しやすい基本機能を用意したほうがよい．例えば，高級言語のFOR文，CASE文を直接実現する命令を備える場合，言語から要求される機能と命令のもつ意味がうまく適合しない場合がある．

上記のような命令セットの設計指針は，結局，コンパイラによる最適化のしやすさにつながる．ハードウェア設計者は，命令の機能を上げて高級言語に近づけることがコンピュータの性能向上にとって有効になると考えがちであるが，コンパイラにとって必ずしも有効でないということについて十分に注意すべきである．

CISC：
Complex
Instruction Set
Computer

RISC：
Reduced
Instruction Set
Computer

命令セットの設計において，**CISC**と**RISC**の2つの対照的なアプローチがある．CISCとは高機能で多数の種類の命令をもつ命令セットであり，RISCとは簡潔で少数の種類の命令をもつ命令セットである．マイクロプロセッサの誕生以来，LSIの集積度向上とともに命令セットは複雑化した．その背景としてソフトウェアの互換性が重要視され，従来の命令セットを維持したまま高機能命令を追加することにより高速化を達成する方向に進んだからである．このようなCISCでは命令の種類やアドレッシングモードが多くなり，命令長も可変長になった．

これに対して，コンパイラがいかにうまくコード生成できるかを重視して，命令セットを簡潔にしてクロックを高速化し，LSIの集積度の向上を利用してレジスタ数を増やしたのがRISCのアプローチである．RISCでは命令の種類やアドレッシングモードの種類も少なく，命令長は固定長となった．本章で説明したMIPSはRISCの代表例の1つである．RISCとCISCの相対的な特徴を表2.6に示す．

表2.6 RISCとCISC

	RISC	CISC
命令の種類	少ない	多い
アドレッシングの種類	少ない	多い
命令長	固定長	可変長
主記憶アクセス	ロード・ストア命令	多くの命令
レジスタ数	多い	少ない

今日では，CISCプロセッサがRISCの特徴を取り入れ，RISCプロセッサもハードウェア規模の増大に伴って複雑化し，両者の融合が進んでいる．CISCの代表例はIntelの80x86命令セットであるが，80x86命令セットをCPUの内部でRISC風命令に変換する技術が開発されている．また，Transmeta社の**Crusoe**はRISCアーキテクチャのハードウェア上でソフトウェアにより動的にコンパイルし，コンパイル結果を再利用できるように保存することにより，80x86の命令セットを実現している．このように命令セットアーキテクチャとCPUの構造を切り離すことにより，CPUの高性能化と互換性の両立を目指している．

Crusoe：2000年に発表されたIntel x86互換のプロセッサ．

演習問題

問1　次のプログラムを3アドレス方式，2アドレス方式，1アドレス方式，0アドレス方式で記述せよ．ただし，X，Y，Zは書き換えてはならないとする．

W＝X＋Y＋Z

問2　即値命令を備えない命令セットをもつマシンでは定数を主記憶上に格納して利用すればよい．2.4節で述べたモデルにおいて即値命令をもつ場合ともたない場合について，以下の処理を実行するのに必要な命令数を比較せよ．

『レジスタ$r1の指すアドレスの内容に1を加えてレジスタ$r2の指すアドレスに格納する』

問3　2.4節で述べたモデルでは条件分岐命令のオフセットは16ビットであるため，分岐先は64Kバイトまでと限定される．これを超えるアドレスに条件分岐するにはどうすればよいか．

問4　6種類の条件分岐（==，!=，＞，＜，＞=，＜=）は2種類の条件分岐命令beq（branch on equal）とblt（branch on less than）を用いて実現できる．

レジスタ$1と$2を比較し，条件成立のとき処理Aを，条件不成立のとき処理Bを行うプログラムを示せ．

問5　整列化制約はなぜ必要か，説明せよ．

問6　同じ性能のRISCとCISCに関して，CPIとMIPS値について比較せよ．

第3章

メモリアーキテクチャ

プログラムの実行において，命令やデータをメモリから頻繁に読み書きする必要があり，メモリアクセス速度の向上はコンピュータシステム全体の性能にとって非常に重要である．メモリアーキテクチャは，高速小容量メモリと低速大容量メモリを階層的に組み合わせることにより，高速大容量メモリを実現する技術である．本章では，プログラムやデータの挙動の特徴を利用することにより，これを実現する技術（キャッシュと仮想記憶）を中心に学ぶ．

3.1 メモリデバイス

メモリデバイスにはさまざまな種類がある．これらのデバイスにはそれぞれ長所，短所があり，その特徴を生かした用途に用いられている．一般にメモリデバイスの特徴を比較するのに用いられる項目には，以下のものがある．

(a) 速度と記憶容量

アクセス時間：access time

サイクル時間：cycle time

メモリデバイスの速度に関しては，**アクセス時間**と**サイクル時間**の2つのパラメータがある．アクセス時間は，アクセス要求を出してから，データが実際に読み出されるまでの時間であり，サイクル時間はアクセス要求を出してから，次のアクセス要求が出せるまでの時間である．

bps：
bit per second

バンド幅：
band width

同時に，連続アクセスの速度も重要である．これに関しては，転送レート（1秒間に転送できるビット数：**bps**）で表され，**バンド幅**とも呼ばれる．

CPUのクロックの高速化を図るためには，高速なメモリデバイスの採用が重要である．一方，CPUの性能向上に伴ってプログラムのサイズは大きくなり，CPUの性能に比例した記憶容量の増加が要求されている．

メモリデバイス技術において，一般に性能の向上と記憶容量の増加は両立しない．すなわち，高速な記憶デバイスは小容量であり，低速な記憶デバイスは大容量である．そのため，高速・大容量メモリを実現するために，複数のメモリデバイスを組み合わせたメモリアーキテクチャ技術が用いられている．

揮発性：
volatile

(b) 揮発性

電源を落としたとき，記憶内容が失われることを揮発性と呼ぶ．通常のコンピュータの主記憶には揮発性のメモリデバイスが用いられているため，電源投入時に必要な情報を外部記憶から読み出して設定する．また，電源切断時に必要な情報は外部記憶に書き込まれる．一方，外部記憶は大規模データベースを格納しているため，不揮発性が要求される．

(c) ランダムアクセス性

アドレスを指定してメモリにアクセスする方法を**ランダムアクセス**と呼ぶ．一方，アドレスを指定せず，直前にアクセスしたメモリの次のアドレスにアクセスすることを**逐次アクセス**と呼ぶ．主記憶はランダムアクセス性が要求される．外部記憶においてファイルのバックアップなどの用途には逐次アクセスのメモリデバイスが用いられる．

1. SRAMとDRAM

コンピュータのメモリに用いられるデバイスとして，SRAM，DRAMの2つが重要である．これらのデバイスは以下のような特徴をもつ．

SRAM：
Static RAM

(a) SRAM

SRAMはフリップフロップの回路で1ビットを記憶し，通電している間記憶が安定に保たれる．図3.1にSRAMの構成を示す．図のようにメモリセルは4つのMOSトランジスタから構成される．これらのメモリセルは2次元配列状に配置され，アドレスは行方向（上位アドレス）と列方向（下位アドレス）により与えられる．

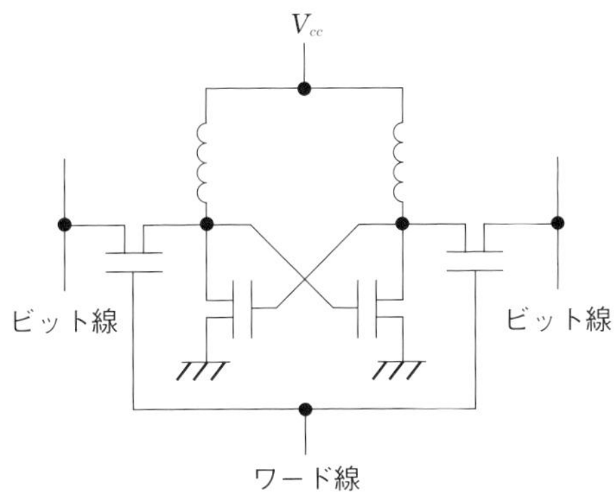

図3.1　SRAMの構造

DRAM：
Dynamic RAM

(b) DRAM

DRAMでは，図3.2に示すように1つのメモリセルが1つのMOSトランジスタとコンデンサで構成され，コンデンサに電荷がチャージされているかどうかで1，0の状態を表す．電荷は時間の

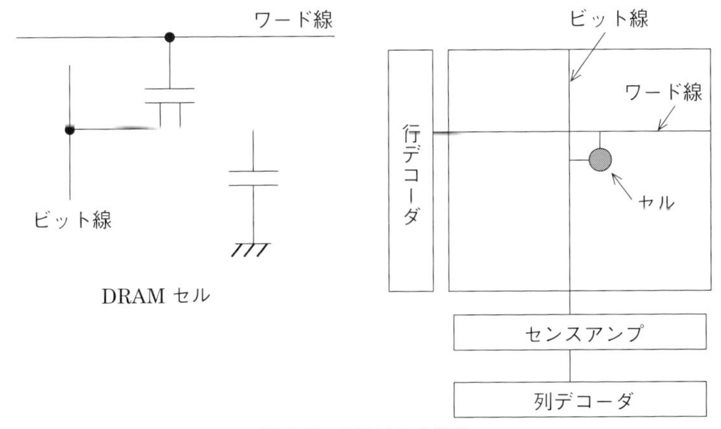

図3.2　DRAMの構造

経過とともに消失するので，消失する前に読み出して書き込む操作を行う必要がある．これを**リフレッシュ**と呼ぶ．

リフレッシュ：refresh

SRAM と DRAM の特徴を表 3.1 にまとめる．

表 3.1　SRAM と DRAM の特徴

	アクセス速度	容量	ビットあたりコスト	リフレッシュ
SRAM	速い	小さい	高い	不要
DRAM	遅い	大きい	安い	必要

このような特徴により，SRAM はキャッシュのような高速性が要求される用途に，DRAM は大容量が要求される主記憶に用いられる．

2. DRAM の高速化

コンピュータの主記憶には通常 DRAM が用いられる．DRAM は高密度化をはかるため，図 3.2 に示すようにメモリセルを 2 次元に配置して構成する．メモリアドレスは行アドレスと列アドレスによって決められる．DRAM へのアクセスは，図 3.3 に示すように行アドレスを指定する**制御信号**（**RAS**）と，列アドレスを指定する制御信号（**CAS**）を入力することにより行われる．現代のコンピュータでは 3.3 節で説明するキャッシュや，3.4 節で説明する仮想記憶などの技術が導入されており，主記憶へのアクセスはブロック単位で行われることが多い．ブロックアクセスでは，DRAM の行アドレスは不変で，列アドレスを連続的にインクリメントすればよい．したがって，RAS で 1 行分のデータを行バッファに読み出し，CAS を用いて行バッファから連続的に読み出すことにより，ブロックアクセスを高速化することができる．このような機能をもつ

RAS：row address strobe

CAS：column address strobe

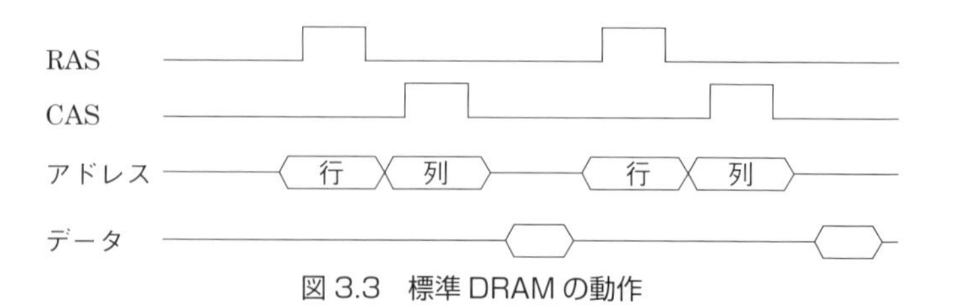

図 3.3　標準 DRAM の動作

高速ページモード DRAM：
Fast Page Mode DRAM

DRAMを**高速ページモードDRAM**と呼ぶ．高速ページモードDRAMの動作のタイミングチャートを図3.4に示す．

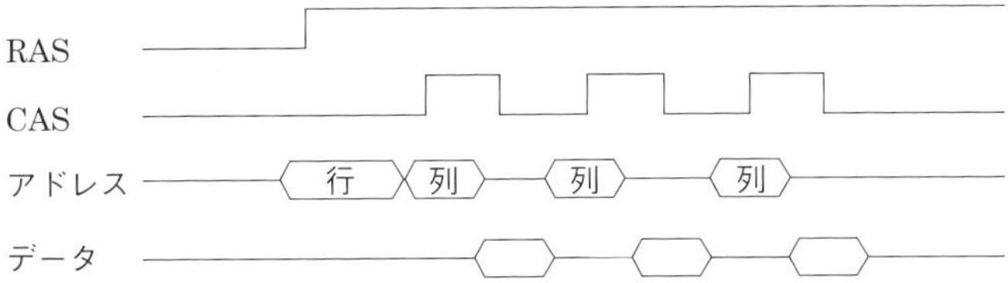

RAS
CAS
アドレス　行　列　列　列
データ

図3.4　高速ページモードDRAMの動作

SDRAM：
Synchronous DRAM

DDR SDRAM：
Double Data Rate Synchronous DRAM

また，最近ではDRAMアクセスにCAS，RAS信号を用いるのではなく，外部から与えられるクロックに同期してデータ転送を行うDRAMが用いられている．これを**SDRAM**と呼ぶ．SDRAMの動作のタイミングチャートを図3.5に示す．特に，クロックの立上り，立下りの両方に同期してアクセスを行うSDRAMを**DDR SDRAM**と呼び，SDRAMの2倍の転送速度を得ることができる．

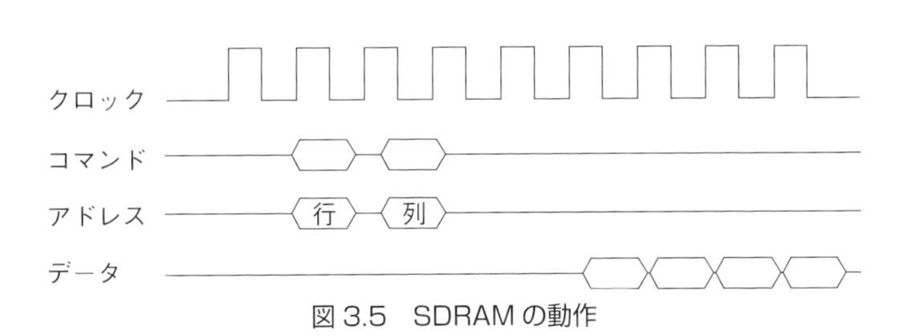

図3.5　SDRAMの動作

3. 主記憶の構成

DIMM：
Dual Inline Memory Module
(Dualとは基板の表裏の端子が異なることを意味している.)

最近のコンピュータでは，複数のメモリチップをプリント基板上に搭載したメモリモジュールを用いることが多い．このモジュールは標準化されており，**DIMM**と呼ばれる．DIMMの例を図3.6に示す．

DIMMの中では，一定の容量のメモリチップを複数個組み合わせて，語数，あるいは語長を増やしている．この概念図を図3.7に示す．

語長を増やす場合は，図3.7 (a) に示すように，チップを並べて共通のアドレスで読み出し，これらを並列に出力すればよい．語数

図3.6　DIMM

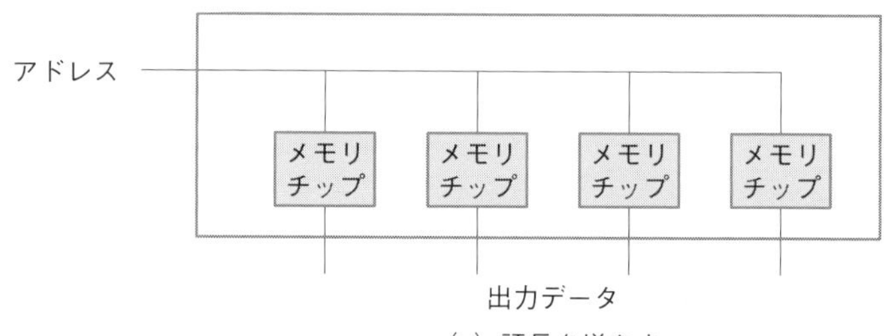

(a) 語長を増やす

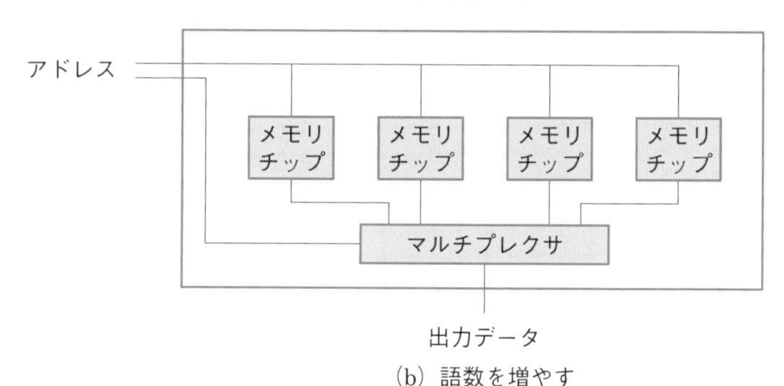

(b) 語数を増やす

図3.7　メモリモジュールの構成

マルチプレクサ：multiplexer

を増やす場合には，図(b)のように，チップのデータ出力側に**マルチプレクサ**を接続し，アドレスの一部をマルチプレクサのセレクト信号として用いればよい．このとき，アドレスの下位ビットをマルチプレクサのセレクト信号として用いると，連続アクセスのときに複数のチップを同時に動作させてその出力を切り換えればよいため，メモリの転送レートを上げることができる．このような構成法を，**メモリインタリーブ**と呼ぶ．最近では，CPUのクロックとメモリの転送レートのギャップは大きいので，そのギャップを埋めるため多数のメモリチップの並列動作によるインタリーブは重要である．

メモリインタリーブ：memory interleave

3.2 記憶階層

参照の局所性：locality of reference

時間的局所性：temporal locality

空間的局所性：spatial locality

メモリアーキテクチャの目標は，3.1節に述べたメモリデバイス技術の特徴をうまく利用して，コストパフォーマンスの優れたシステムを実現することである．このとき1.3節で説明した**参照の局所性**が重要な役割を果たす．参照の局所性には，**時間的局所性**と**空間的局所性**の2つがある．時間的局所性とは，ある項目が参照されたとき，その項目が近い将来に再度参照される確率が高いことを表す．空間的局所性は，ある項目が参照されたとき，その項目の近くにある項目が近い将来に参照される確率が高いことを表す．たとえば，プログラム内にループが含まれているとき，ループ内の命令列やその命令列がアクセスするデータはループの実行中に繰り返しアクセスされる可能性が高い．これは時間的局所性を表している．また，命令は通常は格納順にアクセスされるため，プログラムには高い空間的局所性がある．また，配列データも格納順にアクセスされることが多く，同様に空間的局所性が存在する．参照の局所性を利用することにより，高速・小容量のメモリと低速・大容量のメモリを組み合わせて，アクセスされる可能性の高い命令やデータを高速メモリに配置することにより，高速・大容量のメモリを実現することができる．このような構成法を**記憶階層**と呼ぶ．

記憶階層：memory hierarchy

ここで，上位（高速・小容量）と下位（低速・大容量）の2種類のメモリを組み合わせた記憶階層の性能について考察する．キャッシュにおいては，キャッシュメモリが上位，主記憶が下位となり，仮想記憶においては，主記憶が上位，ディスクが下位となる．上位メモリと下位メモリ間の転送単位を**ブロック**と呼ぶ．ブロックは語よりも大きい．CPUから要求されたデータが上位メモリに存在することを**ヒット**と呼び，存在しないことを**ミス**と呼ぶ．また，要求されたデータがヒットする確率を**ヒット率**，ミスする確率を**ミス率**と呼ぶ．上位メモリのアクセス時間を$T1$，下位メモリのアクセス時間を$T2$，ヒット率をhとする．

ブロック：block

ヒット：hit

ミス：miss

ヒット率：hit rate

ミス率：miss rate

記憶階層における平均アクセス時間は以下の式で表される．

$$\text{平均アクセス時間} = h \times T1 + (1-h) \times T2 \qquad (3.1)$$

たとえば，$T1=10$ ns，$T2=100$ ns，$h=0.9$ とすると，平均アクセス時間は 19 ns となり，$T2$ より約 5 倍高速となる．$h=0.99$ とすると，平均アクセス時間は 10.9 ns となり，$T2$ より約 9 倍高速となる．このようにヒット率の向上が記憶階層の性能にとって重要であることがわかる．

ここで時間的局所性は，最近上位メモリに格納されたアドレスは再度アクセスされる可能性が高いことを表し，空間的局所性は上位メモリに格納されたアドレスの近傍（すなわち同一ブロック内のアドレス）は続いてアクセスされる可能性が高いことを表す．このように下位メモリから上位メモリにブロック単位で転送を行い，上位メモリの管理を工夫することにより，参照の局所性を生かしてヒット率を向上させることができる．

3.3 キャッシュ

キャッシュ：cache

キャッシュは，CPU と主記憶との間に挿入された記憶階層であり，主記憶より高速で小容量のメモリである．参照の局所性を利用して CPU からアクセスされる可能性の高い命令やデータをキャッシュに保持し，主記憶アクセスの高速化を図る技術である．キャッシュは 1960 年代から実用化され，今日ではほとんどのコンピュータに利用されている．今日のコンピュータでは CPU のクロックサイクル時間と主記憶のアクセス時間の差が増大する傾向にあり，キャッシュの重要性がますます大きくなっている．

1. キャッシュの方式

ブロック：block

ライン：line

キャッシュは 1 語より大きい**ブロック**（**ライン**とも呼ばれる）をアクセス単位として構成され，主記憶との間でブロック転送が行われる．CPU がメモリアクセスを行うときに，そのアドレスを含むブロックがキャッシュ内に保持されているかどうかを判定する必要がある．キャッシュ内のブロックと主記憶のブロックの対応づけ（マッピング）に関して，以下の 3 つの方法がある．

ダイレクトマッピング：direct mapping

① **ダイレクトマッピング**：主記憶のブロックからそれを保持するキャッシュのブロックが一意に決まる方式．

フルアソシアティブ：
full associative

② **フルアソシアティブ**：主記憶のブロックをキャッシュの任意のブロックに保持することのできる方式．すなわち，主記憶のブロックからキャッシュのブロックが決まらない方式．

セットアソシアティブ：
set associative

③ **セットアソシアティブ**：主記憶のブロックからそれを保持するキャッシュのブロックが複数個決まる方式．

以上の3つのマッピングを図3.8〜図3.10に示す．図では主記憶が32ブロック，キャッシュが8ブロックの場合を示している．

ダイレクトマッピング方式では，図3.8に示すように0，8，16，24の4つの主記憶ブロックがキャッシュのブロック0にマッピングされる．すなわち，主記憶のブロックアドレスの下位3ビットがキャッシュのブロックアドレスとなる．CPUがメモリアクセスするとき，主記憶アドレスからキャッシュのブロックは一意に求められるので，該当するブロックがキャッシュ内に存在するか否かを判定することは主記憶アドレスの下位3ビットに対応する単一のキャッシュブロックを調べるだけでよいので容易である．しかし，主記憶のブロック0，8，16，24は同一のキャッシュブロック0にマッピングされるため**コンフリクト**が生じる．たとえば現在実行中の命令が主記憶の0ブロック，その命令がアクセスするデータが主記憶の16ブロックに格納されている場合に，両方のブロックを同時にキャッシュに保持することができないため，キャッシュのヒット率が低下する．

コンフリクト：
conflict（競合）

一方，フルアソシアティブ方式では図3.9に示すように主記憶ブロックのキャッシュ内での配置が自由であるため，現在実行中の命令やデータを同時にキャッシュ内に保持することができ，ヒット率を高めることができる．しかし，主記憶アドレスからキャッシュのブロックを求める操作はキャッシュ内のすべてのブロックを調べる必要がある．主記憶アドレスがキャッシュに存在するか否かを調べる操作はすべての命令実行毎に必要なため，その高速化はきわめて重要である．そのため，この操作はハードウェアで実現する必要があり，キャッシュ内のすべてのブロックを同時に調べるためのハードウェアが複雑となる．

セットアソシアティブ方式はダイレクトマッピング方式とフルアソシアティブ方式の中間的な方式である．セットアソシアティブ方

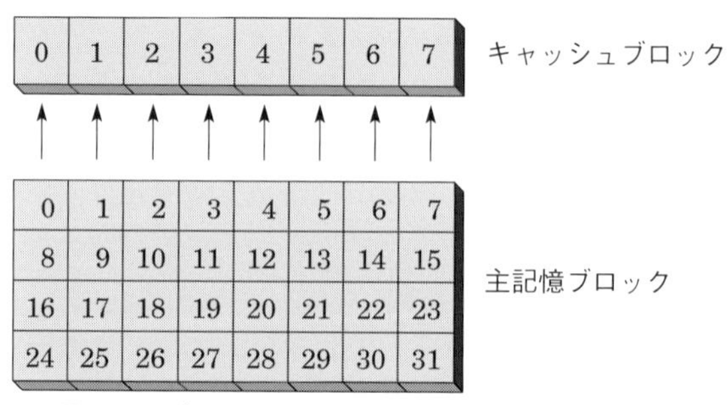

図 3.8　ダイレクトマッピング方式

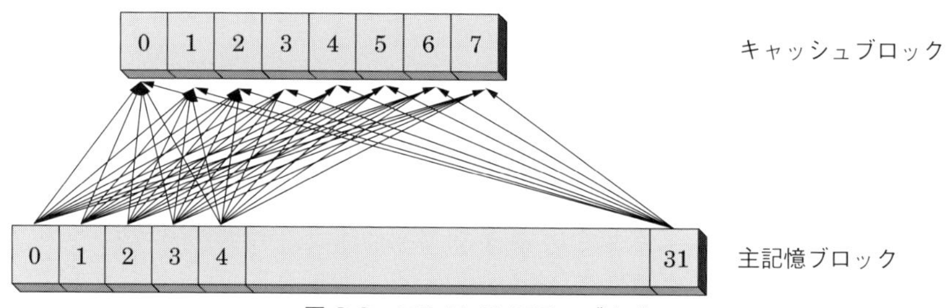

図 3.9　フルアソシアティブ方式

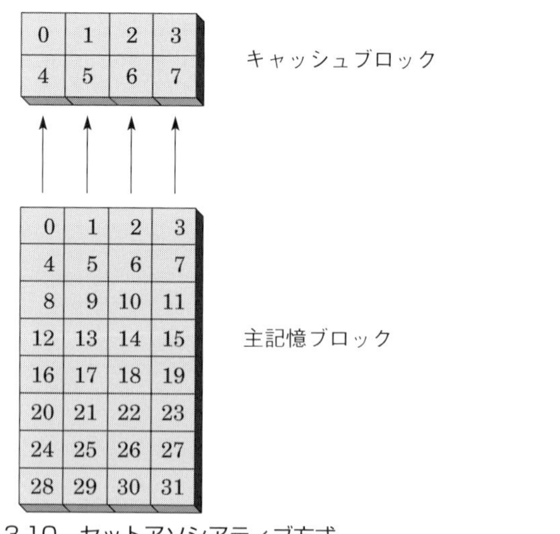

図 3.10　セットアソシアティブ方式

連想度：
associativity

式では主記憶のブロックからそれを保持する可能性のあるキャッシュブロックが複数個（n 個）決まる．この n を**連想度**と呼び，n ウェイセットアソシアティブ方式と呼ぶ．図 3.10 では 2 ウェイセットアソシアティブ方式を示している．連想度が 1 の場合がダイレクトマッピング方式に対応し，連想度がキャッシュのブロック数に等しいときフルアソシアティブ方式に対応する．セットアソシアティブ方式では主記憶ブロックに対応するキャッシュブロックは連想度の数だけあるので，主記憶アドレスがキャッシュに存在するか否かを調べるには連想度分のキャッシュブロックを同時に調べるハードウェアが必要となる．このようにセットアソシアティブ方式は，ハードウェア規模とヒット率のバランスをとる方式として，最も現実的な方式である．

2. キャッシュの構成

キャッシュディレクトリ：
cache directory

キャッシュはデータを保持するキャッシュメモリの他に，マッピング情報を保持する**キャッシュディレクトリ**，マッピングを行う比較器などから構成される．以下，前述の 3 つの方式について構成を説明する．ここでは主記憶のアドレスが 32 ビット，ブロックサイズが 16 バイト，キャッシュのブロック数が 4 K，すなわちキャッシュ容量は 16 バイト×4 K＝64 K バイトと想定する．

ダイレクトマッピング方式の構成を図 3.11 に示す．

タグ：
tag

インデックス：
index

オフセット：
offset

図のように 32 ビットのメモリアドレスを 16 ビット（**タグ**），12 ビット（**インデックス**），4 ビット（**オフセット**）の 3 つに分解する．キャッシュディレクトリには，対応するキャッシュブロックに格納されている主記憶ブロックのタグの値を格納する．キャッシュディレクトリやキャッシュメモリのエントリ数は 4 K である．ダイレクトマッピングではメモリアドレスのインデックスにより対応するキャッシュのブロックが 4 K の中から一意に決まる．

次にこのキャッシュブロックに保持されている内容がメモリアドレスのブロックと一致しているかどうかを調べる．これはメモリアドレスのタグとキャッシュディレクトリ内の該当するブロックのタグを比較することにより行える．これらが一致する場合には，キャッシュメモリの該当するブロックよりメモリアドレスのオフ

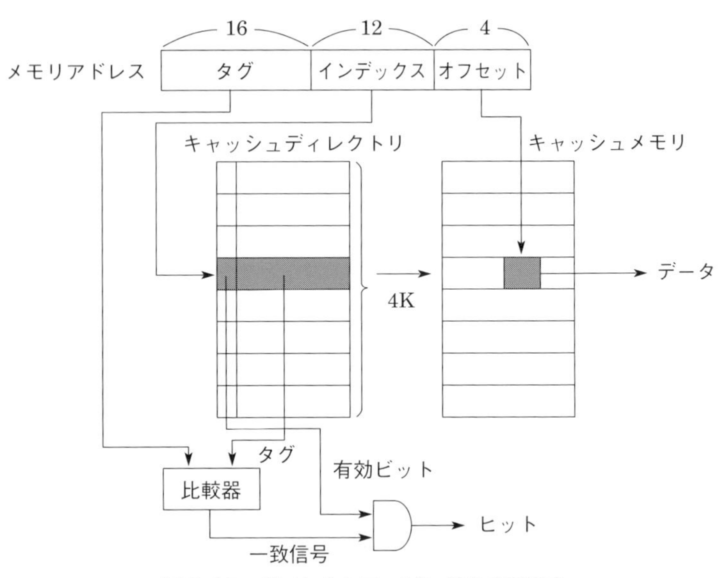

図 3.11　ダイレクトマッピング方式の構成

セットを用いてデータにアクセスすることができる．なお，キャッシュブロック内のデータが無効である場合もあるので，キャッシュディレクトリには1ビットの**有効ビット**が備えられている．比較器の一致信号と有効ビットの論理積をとることにより，キャッシュにヒットしたか否かを判定する．図3.11に示すようにダイレクトマッピング方式で必要な比較器は1個だけでよい．

有効ビット：valid bit

フルアソシアティブ方式の構成例を図3.12に示す．

フルアソシアティブ方式でのメモリアドレスは，図のようにインデックスはなく，**タグ**と**オフセット**に分解される．すなわち，タグが28ビット，オフセットが4ビットとなる．フルアソシアティブ方式では，すべてのキャッシュブロックが任意の主記憶ブロックを格納できるので，メモリアドレスがどのキャッシュブロックに保持されているかを調べるには，メモリアドレスのタグとすべてのキャッシュディレクトリのエントリとの比較を行う必要がある．すなわち比較器はキャッシュのブロック数分（この場合4K個）必要となる．メモリアドレスのタグがいずれかのキャッシュディレクトリのエントリと一致する場合はヒットであり，対応するキャッシュ

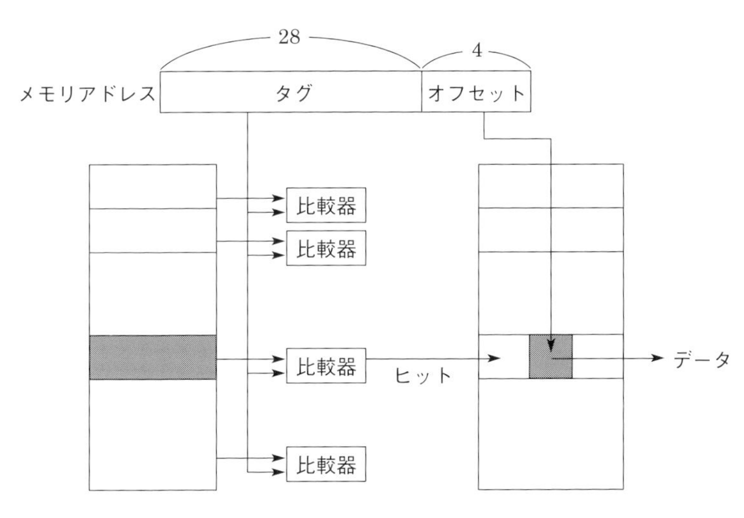

図 3.12 フルアソシアティブ方式の構成

ブロックよりメモリアドレスのオフセットを用いてデータにアクセスすることができる．なお，フルアソシアティブ方式においても有効ビットは必要であるが，図 3.12 では図が複雑になるため省略している．

セットアソシアティブ方式の構成例を図 3.13 に示す．

ここでは連想度を 4 とすると図のようにキャッシュメモリは 4 つのセットに分けられ，それぞれのエントリ数は 1 K となる．そのためメモリアドレスは 18 ビットのタグ，10 ビットのインデックス，4 ビットのオフセットに分解される．インデックスに対応するキャッシュブロックは 4 つあるので，それぞれのキャッシュブロックに該当するメモリアドレスが格納されているかを調べるため，メモリアドレスのタグと 4 個のキャッシュディレクトリのエントリとの比較を行う必要がある．いずれかのエントリと一致する場合はヒットであり，対応するキャッシュブロック内のデータよりメモリアドレスのオフセットを用いてデータにアクセスすることができる．セットアソシアティブ方式はダイレクトマッピング方式と比較して連想度に応じてハードウェア量が増加する．なお，図 3.13 においても有効ビットは必要であるが省略している．

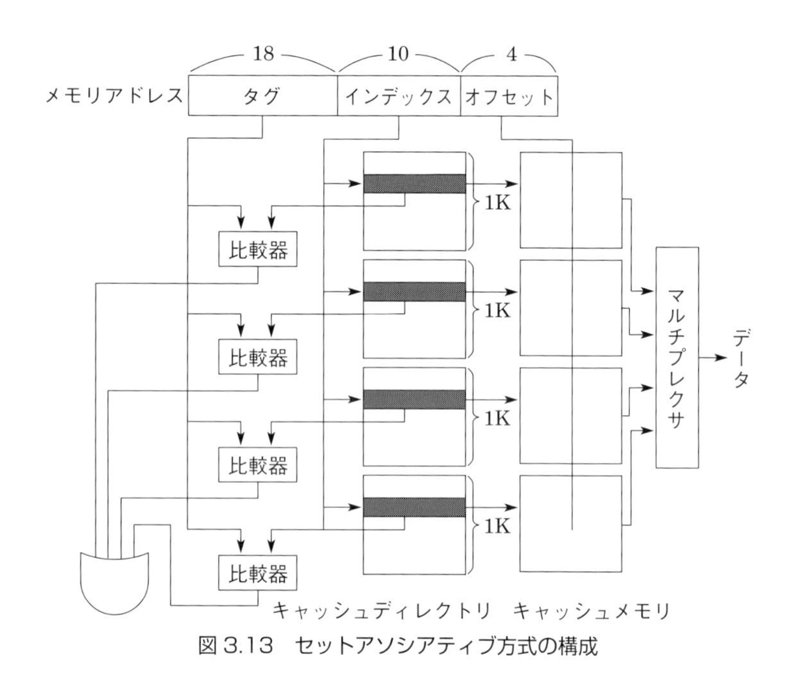

図 3.13　セットアソシアティブ方式の構成

3. キャッシュの置換

キャッシュがミスしたとき，要求された主記憶ブロックをキャッシュにロードする必要がある．このとき，キャッシュ内に空きブロックがない場合にはいずれかのキャッシュブロックを置換する必要がある．どのキャッシュブロックを置換するかについて以下に説明する．

ダイレクトマッピング方式では主記憶ブロックに対応するキャッシュブロックは1つであるため，置換されるキャッシュブロックは一意に決まる．一方，フルアソシアティブ方式ではすべてのキャッシュブロック，セットアソシアティブ方式では連想度分のキャッシュブロックが置換される可能性があるため，これらの中から最適なブロックを選び出す必要がある．このアルゴリズムを**置換アルゴリズム**と呼ぶ．

置換アルゴリズム：
replacement algorithm

置換アルゴリズムとして，次の3つが用いられている．

① ランダム：ブロックをランダムに選ぶことにより，すべてのブロックの置換の可能性を均等にする．

FIFO：First-In First-Out

② **FIFO**：最も早くロードされたブロックを選ぶ．

LRU：Least Recently Used

③ **LRU**：最も長くアクセスされなかったブロックを選ぶ．

参照ビット：reference bit

LRU は時間的局所性を利用しているため，最も性能が良いが，LRU の実現のためには，各キャッシュブロックがアクセスされた順序関係を保持する必要があるため，ハードウェアによる実現は最も複雑である．2 ウェイのセットアソシアティブ方式では各セットごとに 1 ビットの**参照ビット**をもち，キャッシュアクセスごとにアクセスされたブロックの参照ビットをセットし，対応するセット内でアクセスされなかったブロックの参照ビットをリセットすることによりアクセス順序を保持できるが，連想度が高くなると順序を保持するためのハードウェアが複雑となる．なお，連想度が高い場合の LRU と他手法との性能の差は小さいため，他手法との併用や LRU の近似的な実現が用いられることが多い．

4. キャッシュから主記憶への書込み

一貫性：consistency

ライトスルー：write through

キャッシュの内容と対応する主記憶の内容とが一致するとき，キャッシュと主記憶の**一貫性**がとれていると呼ぶ．キャッシュに存在するデータに対してストア命令が発行されたとき，キャッシュ上での変更は即座に行われるが，主記憶の変更をいつ行うかに関していくつかの方式がある．キャッシュの変更と同時に主記憶を変更する方法を**ライトスルー**と呼ぶ．ライトスルー方式ではキャッシュと主記憶の一貫性は常に保持されている．しかし，ライトスルーではストア命令が発行されるごとに主記憶への書込みが必要となる．主記憶に書き込むときに，CPU は書込みが終了するまで停止（ストール）するため，性能が低下する．

これを防ぐために，**ライトバッファ**を用意する手法がある．この方式は主記憶に書き込むデータを高速のライトバッファに保持し，ライトバッファから主記憶への書込みと CPU の動作を並行に行えるようにすることにより，CPU のストールされる時間を短縮することができる．しかし，書込みが発生したときにライトバッファが使用中で空いていない場合には，CPU ストールが発生するため性能は低下する．

一方，キャッシュと主記憶の一貫性を厳密に保つのではなく，緩やかに保つことによりキャッシュの性能を改善する方式として**ライトバック**がある．ライトバックでは，書込みが発生したときキャッシュのみに書き込み，主記憶への書込みは書き込まれたキャッシュブロックが置換されるときまで延期する方式である．同一のキャッシュブロックに何度も書込みが行われる場合には，ライトスルーでは書込みの発生毎に主記憶にも書き込む必要があるが，ライトバックではキャッシュが置換されるときにのみ主記憶に書き込めばよいため，主記憶へのアクセス回数が減少し，性能が向上する．しかし，ライトバックではキャッシュの置換時に主記憶への書込みを行うため，キャッシュの制御機構は複雑になる．ライトバックでは，キャッシュブロックの内容が主記憶と一致しているか否かを示す**ダーティビット**がキャッシュディレクトリに必要となる．キャッシュブロックに書込みが行われるときダーティビットをセットする．キャッシュブロックが置換されるとき，ダーティビットがセットされている場合は置換に先立って主記憶への書込みが行われる．

ライトバック：
write back

ダーティビット：
dirty bit

5. キャッシュの性能

キャッシュの効果を考慮に入れた場合の性能について考察する．キャッシュがヒットしたとき，CPU は通常の命令実行サイクルで命令を実行するが，キャッシュがミスしたとき，これに加えて CPU のストールを考慮に入れると，CPU 時間は次の式で表される．

CPU 時間＝(CPU 実行クロック数＋ストール・クロック数)
×クロックサイクル時間

ここで，ストール・クロック数はメモリの読出しと書込みで同一であると仮定すると，以下のように表される．

ストール・クロック数＝プログラムのメモリアクセス回数
×ミス率
×ミスペナルティ

ここで，**ミスペナルティ**とは，主記憶からキャッシュへの転送に要する時間を表す．この式，および

ミスペナルティ：
miss penalty

CPU 実行クロック数＝実行命令数×CPI

を代入すると

CPU 時間=(CPI+命令あたりのメモリアクセス回数×ミス率×ミスペナルティ)×実行命令数×クロックサイクル時間

と表せる.

【例題】 キャッシュのミス率が5%, CPIが2, ミスペナルティが20クロックサイクルとする. メモリアクセスする命令の実行比率が0.4のとき, キャッシュミスをなくした場合の性能向上比を求めよ.

【解答】 実行命令数=Eとすると

ストール・クロック数$=0.4E \times 0.05 \times 20$

$=0.4E$

キャッシュミスを考慮したCPU時間$=(2+0.4)E=2.4E$

キャッシュミスのないCPU時間$=2E$

したがって, キャッシュミスをなくした場合の性能向上比は$2.4/2=1.2$倍となる.

6. 命令キャッシュとデータキャッシュ

セパレートキャッシュ：
separate cache

ハーバードアーキテクチャ：
Harvard architecture (コンピュータの黎明期にハーバード大学で開発されたMark Ⅰが命令とデータを別々の記憶装置にもっていたことに由来する.)

命令キャッシュとデータキャッシュを分離する方式を**セパレートキャッシュ**, あるいは**ハーバードアーキテクチャ**と呼んでいる. 命令キャッシュとデータキャッシュを分離することによる利点を以下に示す.

・キャッシュとCPU間のバンド幅を倍にすることができる.
・命令パイプライン化に適する.
・命令とデータの特性に応じてキャッシュの特性を最適化することができる.

一方, 欠点としては, 当然ながらキャッシュメモリの容量, 制御部分を含めてハードウェア量が増加することである. 最近の高性能マイクロプロセッサでは命令のパイプライン化が取り入れられているため, セパレートキャッシュが用いられている.

7. 多階層キャッシュ

高性能マイクロプロセッサのクロック周波数の向上により, CPU

とDRAMのアクセス時間とのギャップはますます大きくなっている．また，LSIの集積度の向上により，高速小容量のキャッシュをプロセッサチップ内に搭載することが可能になってきている．このため，キャッシュを2階層にし，プロセッサのチップ内に搭載される1次キャッシュと，チップ外に構成される2次キャッシュを備える構成方法がとられている．

2階層キャッシュでは，1次キャッシュでクロックサイクルを短縮化することに専念し，2次キャッシュでミス率を減らして主記憶アクセスのペナルティを削減することに専念する．すなわち，2階層キャッシュにおいては，1次キャッシュでは2次キャッシュが存在することによりミスペナルティが大幅に減少する．また，2次キャッシュでは，1次キャッシュが存在することによりアクセス時間が短縮できる．

【例題】 CPIが1，クロック周波数が1 GHz，主記憶アクセス時間が100 nsのプロセッサにおいて，1次キャッシュのミス率が5 %とする．1次キャッシュはクロック周波数で動作する．ここにアクセス時間20 nsの2次キャッシュを導入すると，ミス率（主記憶へのアクセス）を2 %に下げられる．これにより，CPUの性能はどのくらい向上するか．

【解答】　＜2次キャッシュをもたない場合＞

主記憶アクセスのペナルティは100 ns/1 ns = 100クロックであり

CPI = 基本CPI + 命令あたりのストール・クロック数
　= 1 + 5 % × 100
　= 6

＜2次キャッシュをもつ場合＞

2次キャッシュアクセスのペナルティは20 ns/1 ns=20クロックなので

CPI = 基本CPI + 1次キャッシュミスによる命令あたりのストール・クロック数 + 2次キャッシュミスによる命令あたりのストール・クロック数
　= 1 + 5 % × 20 + 2 % × 100
　= 4

したがって，6/4＝1.5 倍性能が向上する．

8. キャッシュのプリフェッチ

これまで説明したキャッシュは，CPU から要求されたときに主記憶からロードされることを前提としている．これを**デマンドフェッチ**と呼ぶ．しかし，大規模科学技術計算では，キャッシュ容量を超える大規模配列を順にアクセスすることが多い．このとき，配列に時間的局所性があっても再びアクセスされる前にキャッシュから追い出されてしまうため，キャッシュの効果が生かされない．このような場合に，配列の演算を行いながら次の配列の要素が格納されているブロックを先立ってアクセスすればアクセス時間を減少することができる．これを**プリフェッチ**と呼ぶ．

デマンドフェッチ：demand fetch

プリフェッチ：prefetch

プリフェッチ機能は，ハードウェアで実現する方法と，ソフトウェアで実現する方法の二つがある．ハードウェアで実現する方法は，アドレスが隣接する次のブロックをプリフェッチする方法，アドレスが一定間隔のアクセスに対応したブロックをプリフェッチする方法などがある．ただし，プリフェッチされたブロックが必ず次にアクセスされる訳ではない．一方，ソフトウェアでプリフェッチを実現するには，プリフェッチするブロックを指定する**プリフェッチ命令**を備える方法がある．適切にプリフェッチを指定できれば，効果は大きい．

Column キャッシュミスの原因（3 つの C）

キャッシュミスには，以下の 3 つの原因がある．

(1) **初期参照ミス**（compulsory）：あるブロックの最初のアクセスはキャッシュ中に存在しないのでミスとなる．

(2) **容量ミス**（capacity）：プログラムの実行に必要なブロック数がキャッシュサイズより大きいとき，キャッシュより追い出されるブロックが必ず存在するため，ミスとなる．

(3) **競合ミス**（conflict）：ダイレクトマッピングやセットアソシアティブ方式では，マッピングの競合により追い出されるブロックが発生する．これが原因となってミスが発生する．

この 3 つの C を減少させるにはどうすればよいだろうか．初期参照ミスを減少させるにはキャッシュのブロックサイズを大きくすればよい．しかし，ブロックサイズが大きいとミス時のペナルティが大きくなる．容量ミスを減少させるにはキャッシュの容量を大きくすればよい．しかし，ハードウェア量の増大と，アクセス時間の増加に注意が必要である．競合ミスを減少させるには連想度を高めればよい．しかし，ハードウェア量の増大とアクセス時間の増加に注意が必要である．

このように，キャッシュの性能を向上させるには，容量，ブロックサイズ，連想度が重要なパラメータとなる．ハードウェア規模の制約のもとで，これらのパラメータの最適な設定が重要である．

3.4 仮想記憶

1. 仮想記憶の概念

キャッシュがCPUと主記憶の間に挿入された記憶階層であるのに対して，仮想記憶とは主記憶と外部記憶（ディスク）との間の記憶階層である．

仮想アドレス：virtual address

実アドレス：real address

仮想記憶方式ではプログラムから見えるアドレスと主記憶のアドレスを切り離す．プログラムから見えるアドレスを**仮想アドレス**（**論理アドレス**）と呼び，主記憶のアドレスを**実アドレス**（**物理アドレス**）と呼ぶ．仮想記憶では仮想アドレスと実アドレスを対応づけるメカニズムを提供している．

仮想アドレスと実アドレスの関係を図3.14に示す．図のプログ

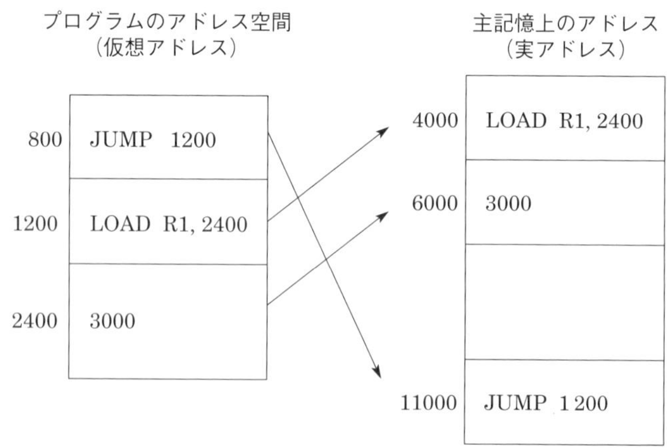

図3.14　プログラムのアドレス空間と主記憶上のアドレス

ラム中の命令で用いられるアドレスは仮想アドレスで表される．800番地には1200番地に飛ぶJUMP命令が存在し，1200番地には2400番地のデータをレジスタR1にロードするLOAD命令が存在する．ここで，800番地，1200番地や2400番地はプログラムのもつ論理的なアドレスであり，コンパイラによって生成される．このプログラムが主記憶上にロードされて実行されるとき，主記憶上の実アドレスはその時点でのメモリの使用状況に応じてOSにより決められる．ここでは，800番地のJUMP命令は11000番地に割り付けられ，1200番地のLOAD命令は4000番地に割り付けられるとする．ここで，11000番地や4000番地は主記憶上の実アドレスである．JUMP命令中の1200番地やLOAD命令の2400番地は仮想アドレスであるため，命令の実行中に仮想アドレスを実アドレスに変換する必要がある．仮想記憶方式ではこのような**アドレス変換**をハードウェアにより行う必要がある．

アドレス変換：address translation

仮想記憶の目的として，以下の2つがある．

(a) 複数のプログラムが同時に主記憶を共有する

マルチプログラミング方式のコンピュータでは，通常，主記憶上に複数のプログラムが置かれている．ある一時点で実行中のプログラムは1つであるが，複数のプログラムを主記憶に置き，実行中のプログラムが入出力動作を行うときに実行するプログラムを切り換えることによりシステム全体の性能が向上する．個々のプログラムはそれぞれコンパイラにより生成された独自のアドレス空間をもつため，仮想記憶は複数のプログラムの仮想アドレス空間を主記憶の実アドレス空間上に写像する機構が必要であり，また1つのプログラムのアドレス空間に対応する主記憶領域をほかのプログラムから誤って参照できないように保護する機構が必要である．

(b) 主記憶容量より大きいプログラムの実行を可能にする

一般に，プログラムのアドレス空間の大きさは主記憶の容量とは独立である．このため，主記憶容量より大きなプログラムを実行する場合には，プログラム全体を主記憶上に置くことができないため，プログラムの本体はディスク上に置き，プログラムの実行に必要な一部分を主記憶上にロードして，プログラムの実行中に主記憶をディスクから入れ換える必要がある．仮想記憶をもたない計算機では，プログラマがプログラムを分割して主記憶へのロードを制御する方式（オーバレイ）がとられており，プログラマの負担は大きかった．仮想記憶方式ではプログラムの主記憶へのロードはOSにより行われ，プログラマが制御する必要がないので，プログラマが主記憶容量を意識せずに主記憶より大きなプログラムの実行を可能にする．

2. 仮想記憶の方式

ページング方式：paging

セグメンテーション方式：segmentation

仮想記憶には，**ページング方式**と**セグメンテーション方式**の2つの方式がある．ページング方式は，ページと呼ばれる固定長のブロックをマッピングの単位とする方式であり，ページサイズは通常512〜8 196バイトである．一方セグメンテーション方式は，プログラムやデータの論理的な意味をもつ可変長のブロックをマッピングの単位とする方式である．

ページング方式では仮想アドレスは仮想ページ番号とページ内オフセットにより表される．仮想アドレスから実アドレスへの変換は，次のように行われる（図3.15）．

ページテーブル：page table

① 仮想ページ番号を用いて**ページテーブル**を検索し，対応する実ページ番号を得る．

② 実ページ番号とページ内オフセットを連結し，実アドレスを得る．

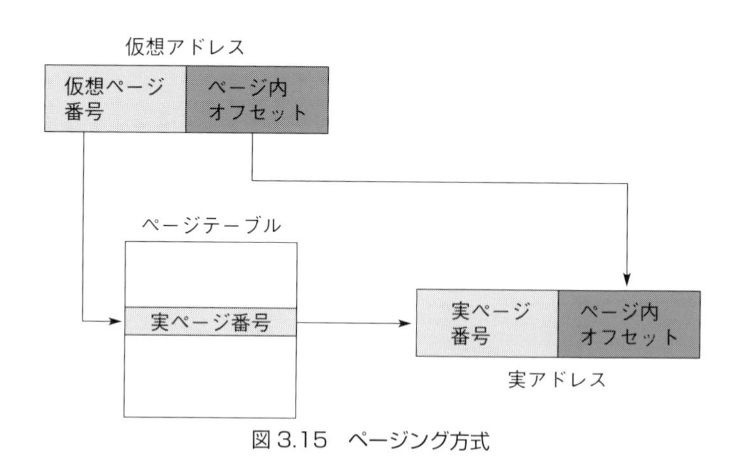

図3.15　ページング方式

一方，セグメンテーション方式では仮想アドレスは仮想セグメント番号とセグメント内オフセットにより表される．仮想アドレスから実アドレスへの変換は次のように行われる（図 3.16）．

セグメントテーブル：segment table

① 仮想セグメント番号を用いて**セグメントテーブル**を検索し，対応する実セグメントの開始アドレスを得る．

② 実セグメントの開始アドレスとセグメント内オフセットを加算し，実アドレスを得る．

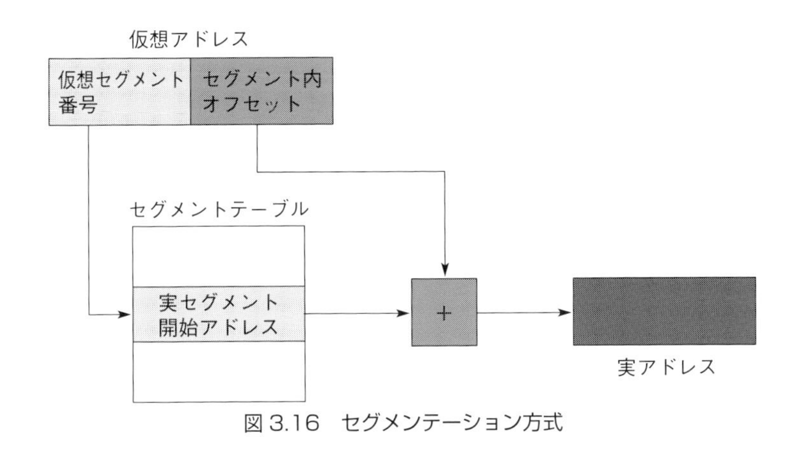

図 3.16 セグメンテーション方式

ページング方式とセグメンテーション方式を比較すると，OS のメモリ管理に大きな差が生じる．ページング方式はページサイズが固定長であるため，主記憶上でのページの置換えが自由に行われる．しかし，ページサイズ以下の小さいブロックでも固定長の領域を占めるため，ページ内にむだな領域が存在する．これを**内部フラグメンテーション**と呼ぶ．一方，セグメンテーション方式ではページサイズが可変長であるため，主記憶上でのセグメントの置換えはページサイズを考慮する必要があり，メモリ管理が複雑となる．また，図 3.17 に示すようにセグメントの置換えを繰り返すと主記憶上にセグメント間の使用できない隙間が生じる．これを**外部フラグメンテーション**と呼ぶ．

内部フラグメンテーション：internal fragmentation

外部フラグメンテーション：external fragmentation

ページ化セグメンテーション：paged segmentation

ページング方式とセグメンテーション方式の折衷案として**ページ化セグメンテーション**方式がある．この方式はセグメントを固定長

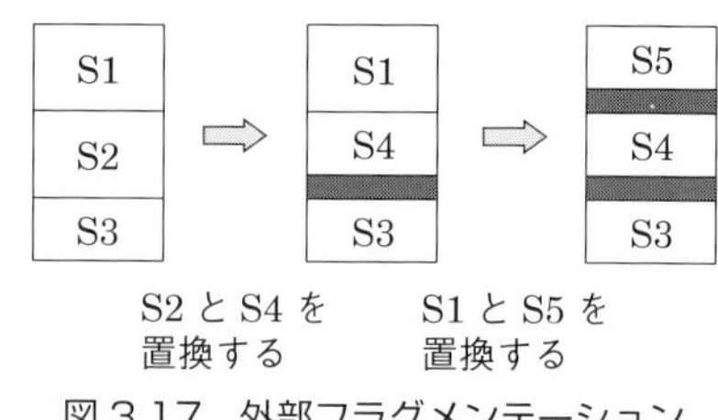

図 3.17　外部フラグメンテーション

のページに分割して管理する方式である．ページ化セグメンテーション方式の仮想アドレスは，仮想セグメント番号，仮想ページ番号，ページ内オフセットから構成される．仮想アドレスから実アドレスへの変換は次のように行われる（図 3.18）．

① 仮想セグメント番号を用いてセグメントテーブルを検索し，ページテーブルを得る．
② ①で得られたページテーブルより仮想ページ番号を用いて検索し，実ページ番号を得る．
③ 実ページ番号とオフセットにより実アドレスを得る．

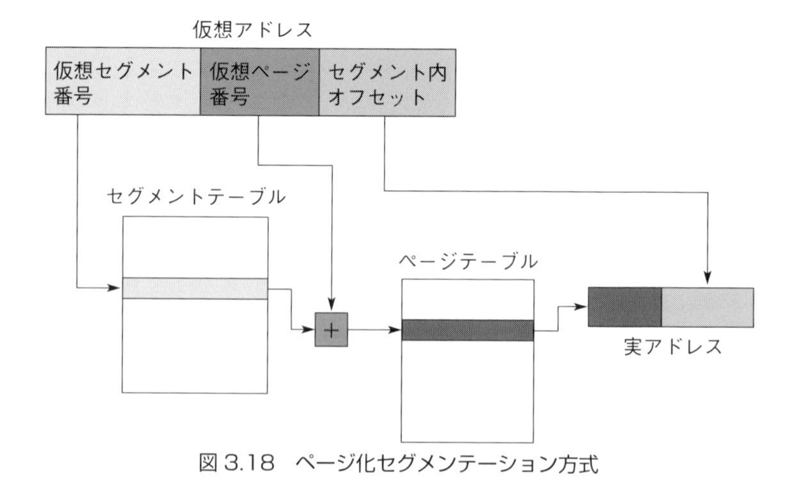

図 3.18　ページ化セグメンテーション方式

キャッシュと仮想記憶はともに，高速小容量のメモリと低速大容量のメモリの組合せであり，共通点は多いが，主な違いとしては以下の2つがある．

① ヒットとミスヒットの時間差が大きい．キャッシュの場合はメモリデバイスのアクセス速度の差が1：10程度であるが，仮想記憶の場合は磁気ディスクのアクセス速度が遅いため，1：100万程度と差が大きくなる．なお，仮想記憶のミスヒットのことを**ページフォールト**と呼ぶ．

ページフォールト：page fault

② ミスヒットの場合，キャッシュではCPUをストールさせて置換の終了を待つが，仮想記憶のページフォールトの場合はOSが関与してプロセスが切り換えられる．すなわち，キャッシュの置換はすべてハードウェアにより行われるが，仮想記憶の置換はソフトウェアにより行われる．

キャッシュの設計においては，ヒット率の向上とハードウェアの複雑さがトレードオフの関係にあり，ハードウェアで効率良く実現できる方式がとられている．一方仮想記憶の設計においては，ページフォールトの時間ロスがキャッシュの場合と比較してはるかに大きいこと，およびソフトウェアが介在することにより比較的複雑な機構も実現できるため，設計方針はキャッシュの場合と異なる場合が多い．

3. 仮想記憶の動作

仮想記憶の基本操作について説明する．なお，以下ではページング方式について説明する．

(a) ページの読出し

キャッシュの場合は，ディレクトリによりマッピング情報が保持されていたが，仮想記憶の場合は，仮想アドレスを含むページが主記憶内に存在するか否かを判断するために**ページテーブル**が用いられる．ページテーブルの構成法には，直接写像法と連想写像法がある．

直接写像法：direct mapping

直接写像法のページテーブルの構成例を図3.19に示す．

有効ビット：valid bit

直接写像法では，仮想ページ番号からページテーブルのエントリを直接求める．ページテーブルのエントリには**有効ビット**が付随しており，有効ビットが1のとき，対応するページは主記憶に存在し，有効ビットが0のときは主記憶上に存在しないことを表す．ページテーブルの大きさはすべての仮想ページ数分が必要となるた

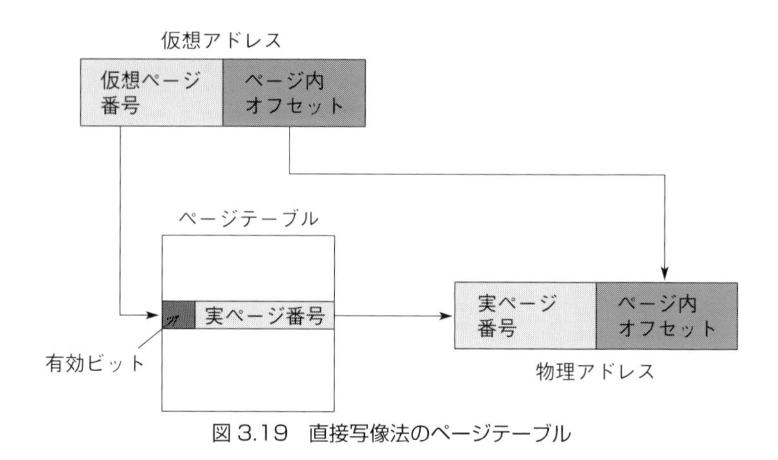

図3.19　直接写像法のページテーブル

め，仮想アドレス空間が広大な場合はページテーブルも大きくなる．これを削減する方法として，ページテーブルを2段階に分ける方式がある．

連想写像法：
associative
mapping

連想写像法のページテーブルの構成例を図3.20に示す．

ページテーブルのエントリ数は直接写像法と異なり主記憶上にあるページ数分だけでよく，ページテーブルの大きさが減少する．各エントリには，対応する主記憶のページに格納されている仮想ペー

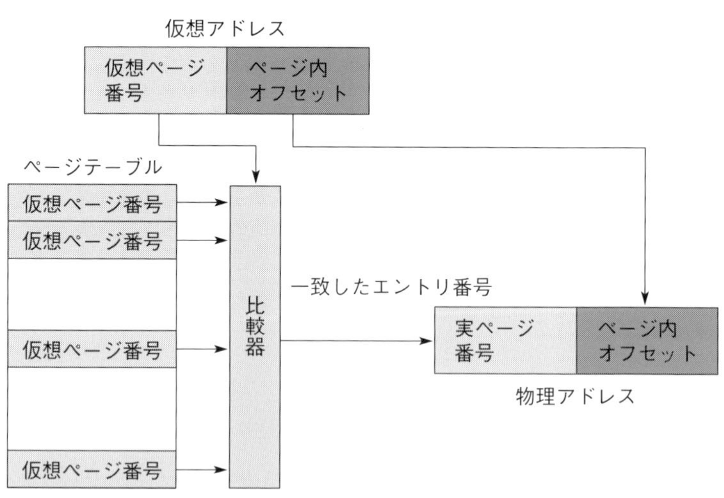

図3.20　連想写像法のページテーブル

ジ番号が格納される．仮想アドレスが与えられると，仮想アドレス内の仮想ページ番号とページテーブルのすべてのエントリを比較し，一致したエントリが存在する場合には，そのエントリの番号が実ページ番号となる．一致したエントリが存在しない場合はページフォールトとなる．ページテーブルを**連想記憶**により構成すると，すべてのエントリに対して並列に比較が行われるため高速であるが，ページテーブル全体を連想記憶で構成することはハードウェア規模が大きいため，一般にはソフトウェア（ハッシュ法）により行われる．

連想記憶：associative memory（メモリの各語に比較器が備わっているもの．）

いずれの方式にしても，仮想アドレスから実アドレスへの変換はすべての主記憶アクセス時に必要となるため，ページテーブルの参照を高速化することが重要である．最近のプロセッサでは，ページテーブルへのアクセスを高速化するために TLB が備えられている．**TLB** とはページテーブルのキャッシュの役割を果たすものであり，最近行われたアドレス変換の内容を保存することにより，参照の局所性を利用してアドレス変換を高速化するものである．TLB の構成例を図 3.21 に示す．

TLB：Translation Lookaside Buffer

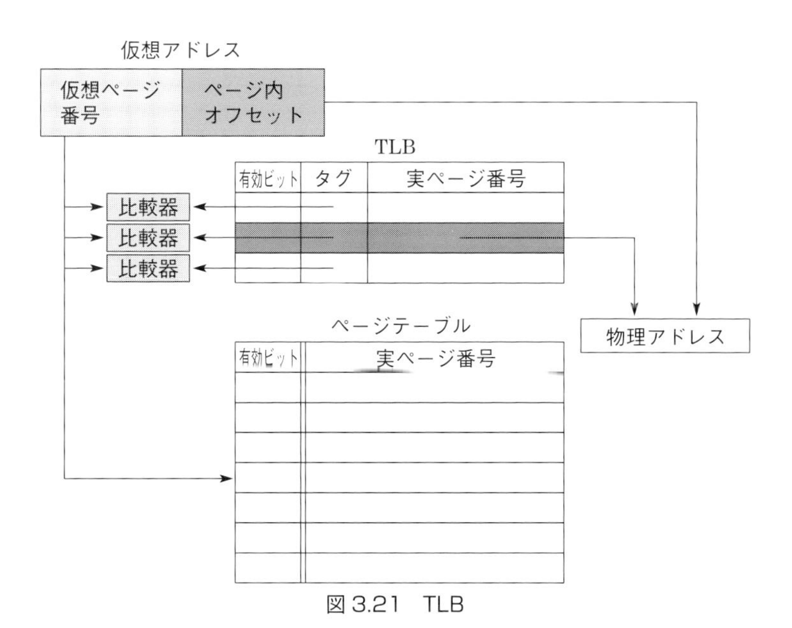

図 3.21　TLB

TLBはキャッシュであるため，タグが必要である．図ではマッピング方式としてフルアソシアティブ方式の例を示している．仮想アドレスがTLBに見つからないときは，単なるTLBのミスヒットかページフォールトかを判断するため，ページテーブルを参照する必要がある．ページが主記憶に存在する場合は，TLBにページ情報をロードする．

(b) ページの置換

仮想ページが主記憶に存在しない場合，ページフォールト割込みが発生し，制御はOSに移る．OSはページテーブルのディスクアドレスを用いてディスクより該当するページを主記憶にロードする．このとき，主記憶のどのページに置換するかを決定する必要がある．

LRU：
Least Recently Used

参照ビット：
reference bit

通常，最もよく使われているページの置換手法は，キャッシュの場合と同様に**LRU**である．キャッシュの場合と異なり，仮想記憶ではページの置換はOSが行うため，LRUはソフトウェアで実現される．OSではLRUを実現するため，最近のページの使用状況をページテーブルに記録する．そのため，ページテーブルの各エントリには，ある時間間隔中にページが参照されたか否かを示す**参照ビット**と，最新の参照時刻が保持されている．OSは，TLBのミスヒット時やタイマ割込み時にこれらの情報を常に更新することにより，LRUを実現している．

(c) ページの書込み

ダーティビット：
dirty bit

主記憶に存在するページへの書込みが実行されたとき，ディスク上のページとの間の一貫性を保持するため，キャッシュの場合と同様に**ライトスルー**と**ライトバック**の2つの方式が考えられる．しかし，ディスクへの書込みはミリ秒のオーダの時間を要するため，キャッシュの場合と異なり，ライトバッファを用いたライトスルー方式は非常に効率が悪い．そのため，仮想記憶システムではライトバック方式を採用している．ライトバック方式では書込みは主記憶上のみで行われるため，書き込まれたページが置換されるときにディスクにコピーする必要がある．このため，ページテーブルには対応するページに書込みがあったことを示す**ダーティビット**が用意されている．

4. ページの保護

マルチプログラミングシステムでは複数のプログラムが主記憶上に存在するため，あるプログラムの実行によりほかのプログラムの主記憶領域が書き換えられないように保護する必要がある．最も簡単な保護機構は**保護境界レジスタ**を用いる方式である．これは，ベースとバウンドと呼ばれる2つのレジスタを用いて，メモリアクセスの際のアドレスを監視する方式である．すなわち

保護境界レジスタ：boundary register

ベース≦アドレス≦バウンド

により，アクセスされるメモリアドレスの領域を常にチェックする．なお，この2つのレジスタはユーザプロセスにより書き換えることはできず，OSのみが書き換えることができるようにしなければならない．このため，CPUでは現在実行中のプロセスが，ユーザプロセスかOSのプロセスかを識別するためのモードをもつ必要がある．また，モードを切り換えるための命令が必要となる．

キー方式では，主記憶を固定長のブロックに分割し，ブロックごとにストレージキーを用意する．実行中のプロセスごとに保護キーを与える．プロセスが主記憶にアクセスするとき，主記憶ブロックのストレージキーとプロセスの保護キーを比較する．これらが一致した場合に，そのプロセスの主記憶ブロックへのアクセスを許可するという方式である．

仮想記憶システムにおいては，メモリアクセスは必ず仮想アドレスから実アドレスへのアドレス変換機構を経由するので，アドレス変換の際にページの保護機構を組み込むことができる．すなわち，ページテーブルの各エントリにアクセス制御用ビットを数ビットもち，実行中のプロセスにも数ビットのキーを与え，両者を比較することによりページへのアクセスの可否を判断すればよい．

5. キャッシュと仮想記憶の融合

キャッシュと仮想記憶は連動して動作する．キャッシュにアクセスするアドレスを仮想アドレスで行う方式と，実アドレスで行う方式がある．前者を仮想アドレスキャッシュ，後者を実アドレスキャッシュと呼ぶ．それぞれの動作について以下に説明する．

仮想アドレスキャッシュ：virtual address cache

仮想アドレスキャッシュでは，次のように動作する．

① 仮想アドレスによりキャッシュディレクトリを検索する．キャッシュに存在する場合はTLBをアクセスする必要はない．
② キャッシュミスの場合TLBを引き，ヒットすればその実ページをキャッシュに転送する．
③ TLBミスの場合，例外処理によりOSに制御が移り，ページテーブルを調べる．

実アドレスキャッシュ：
real address cache

実アドレスキャッシュは次のように動作する．
① TLBにより仮想アドレスを実アドレスに変換する．TLBミスの場合は例外処理によりページテーブルを調べる．
② TLBヒットの場合は実アドレスでキャッシュディレクトリを検索する．

仮想アドレスキャッシュと実アドレスキャッシュを比較すると，キャッシュとTLBの双方にヒットする場合を想定すれば，明らかに仮想アドレスキャッシュのほうが性能は良い．しかし，仮想アドレスキャッシュでは，複数のプロセスがメモリ空間を共有する場合，**シノニム問題**が発生するため，この対策が必要となる．一方，実アドレスキャッシュを高速化する手法としては，ページ内アドレスを用いてキャッシュディレクトリを検索することにより，TLBアクセスとキャッシュアクセスを並行して行う手法がある．

シノニム：
synonym（異なる仮想アドレスで同じ実アドレスをもつこと．）

Column　仮想マシン（VM：Virtual Machine）

仮想マシンとは，1台のコンピュータを複数の仮想コンピュータに分割し，それぞれ別のユーザが独立に操作したり，それぞれで別のOSを動かしたりすることができる技術である．1980年代のIBMメインフレームで用いられたのが起源であるが，クラウドの普及とともに近年急速に普及してきた．これにより，ハードウェアのリソースを効率良く利用できる．

仮想マシンの動作は，仮想マシンモニタの上にゲストOSを動かし，ゲストOSがシステム管理操作を実行するときに仮想マシンモニタがこれをインタセプトし，必要な操作を行った後にゲストOSに制御を戻すことにより行われる．最近のプロセッサでは，仮想マシンモニタを効率良く実現するための仮想化支援機能が搭載されている．

演習問題

問1 次のプログラムに関して，変数 sum，A [i] にはどのような局所性があるか．

```
for(i = sum = 0;i < N;i ++){
        sum += A[i];}
```

問2 セットアソシアティブ方式のキャッシュにおいて，キャッシュの容量が 512 K バイト，ブロック長が 32 バイト，連想度が 4 のとき，タグ部，インデックス部，オフセットの長さを求めよ．

問3 図 3.8，3.9，3.10 に示すキャッシュシステムにおいて，メモリブロックのアクセス系列が以下のようであったとき，ダイレクトマッピング，フルアソシアティブ，連想度 2 のセットアソシアティブ方式におけるヒット率を求めよ．ただし，キャッシュの初期状態は空とし，置換アルゴリズムは LRU とする．

0, 1, 2, 8, 9, 0, 1, 2, 16, 0, 1, 2, 8, 9, 0, 1, 2, 9, 16

問4 仮想アドレス 40 ビット，物理アドレス 32 ビット，ページサイズ 16 K バイトの仮想記憶システムにおけるページテーブルのエントリ数を求めよ．

問5 基本 CPI が 1，クロック周波数が 2 GHz，主記憶アクセス時間が 100 ns，2 次キャッシュのアクセス時間が 10 ns，1 次キャッシュのミス率が 10 %，2 次キャッシュのミス率が 1 %とする．キャッシュを考慮に入れた場合の CPI を求めよ．

問6 N が大きいとき，プリフェッチ命令を用いて以下のプログラムを高速化せよ．

```
for(i = 0;i < N;i ++)  sum += f(A[i]);
```

第4章

入出力アーキテクチャ

入出力装置には多様な種類がある．また，機械的な動作や人間の操作を含むため，CPU やメモリとの動作速度とは大きな差がある．このため，入出力装置の制御は CPU の介在を最小限にした特有のハードウェアにより行われる．本章では，コンピュータシステム全体としての性能を高めるための入出力の制御方法について学ぶ．

4.1 割 込 み

入出力装置には，キーボードやマウスのように1秒間に数バイト程度の転送を行う低速の装置から，1秒間に数十Mバイトの転送を行うディスクのような高速の装置までが含まれ，速度差が大きい．これらの入出力装置は CPU からは独立した装置であり，CPU のクロックとは非同期的に動作する．これらの入出力装置の制御を CPU が行うために，CPU 側では割込み機構が備わっている．割込みとは，イベントが発生したときに CPU の命令実行順序を動的に変更する手段であり，CPU が通常の命令の実行中に割込みが発生すると，CPU では実行に必要な状態を退避したあと，割込みサービスルーチンに強制的に分岐して割込み処理を行い，終了後に退避した状態を復元して元の命令の実行に戻る．割込みが必要とされるのは，以下の場合である．

① 入出力装置の動作などの非同期的な要因，すなわち，いつ発生するかわからないイベントに対応するため
② 例外やハードウェアのエラーなど，まれにしか発生しないイベントに対応するため
③ OS によるシステム管理に対応するため

(a) 割込みの要因

割込みを引き起こす要因を表 4.1 に示す．

内部割込み：internal interrupt

外部割込み：external interrupt

例外：exception

トラップ：trap

オーバフロー：計算結果の絶対値が大きすぎて，表現できなくなってしまう現象．

アンダフロー：計算結果の絶対値が表現可能な最小の値より小さくなってしまう現象．

割込み要因には**内部割込み**と**外部割込み**がある．割込み要因が CPU 内部あるいはメモリである場合を内部割込みと呼ぶ．内部割込みには**例外**と**トラップ**がある．例外とは，演算中に**オーバフロー**，**アンダフロー**が発生した場合，メモリのアクセス時にページフォールトやアクセスできない領域へのアクセスが発生した場合などが該当し，トラップとはプログラムのデバッグにおいて，ブレークポイントやトレースのために割込みを発生する命令を実行する場合が対応する．

外部割込みとは，割込み要因が CPU の外部である場合を意味する．入出力装置から入出力動作の完了や異常を CPU に通知する場合や，タイマやコンソールスイッチからの通知が含まれる．また，電源異常やパリティエラーなどのハードウェアの異常も含まれる．

表 4.1 で**マスク**とは，ユーザタスクから割込みを禁止できるか否

表 4.1　割込み要因

割込みの種類	要因	マスク	割込み終了
外部	入出力割込み	不可	復帰
外部	タイマ	可	復帰
外部	コンソール	不可	復帰
外部	電源異常	不可	終了
外部	ハードウェア異常	不可	終了
内部	オーバフロー	可	終了
内部	ページフォールト	不可	復帰
内部	メモリ保護違反	不可	終了
内部	OS サービス要求	不可	復帰
内部	トレース	可	復帰
内部	ブレークポイント	可	復帰

かを示す．また割込み終了時に，割り込まれたプログラムに復帰するか，あるいは割り込まれたプログラムを強制終了させるかの区別も併せて表 4.1 に示す．

(b) 割込み処理の手順

割込み処理の手順は以下のように行われる．

① 割込みの受付け：割込み要因は同時に複数個発生する可能性がある．その中から 1 つを選ぶため，割込みには優先度が決められている．また，個々の割込みを受け付けるか否かを決めるため，**マスクレジスタ**が備わっている．割込みの受付けのためのハードウェアでは，図 4.1 に示すように割込み要因を表す割込みレジスタとマスクレジスタの論理積を**プライオリティエンコーダ**に入力し，最も優先度の高い割込み要因を出力する．

マスクレジスタ：mask register

プライオリティエンコーダ：priority encoder

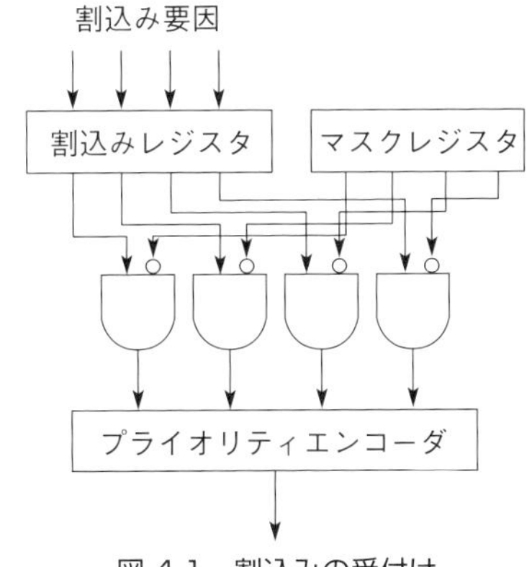

図 4.1　割込みの受付け

② 割り込まれたプログラムの状態の退避：割込みが受け付けられると，割り込まれたプログラムの状態を退避する．退避する必要のあるものは，割込み処理終了後に割り込まれたプログラムを再開するために必要な情報であり，割込みサービスルーチンにより内容が変更される可能性のあるものである．これにはプログラムカウンタ，レジスタ，ステータスフラグなどが含まれる．なお，割込み処理中に，より優先度の高い割込みが発生することを**多重レベル割込み**と呼ぶ．多重レベル割込みを可能とするためには，プログラムの状態の退避用にスタックを用い

多重レベル割込み：multi-level interrupt

る．

③　サービスルーチンの処理：割込みが発生してプログラムの内部状態を退避したあとには，割込み要因毎に用意されたサービスルーチンへの分岐が必要となる．これは，割込みの受付におけるプライオリティエンコーダの出力（ベクタ番号）を利用して分岐すればよい．

④　割り込まれたプログラムの状態の復帰：サービスルーチンによる割込み処理が終了すると，割り込まれたプログラムの状態を退避領域から復元し，プログラムカウンタを復元して割り込まれたプログラムの実行を再開する．なお，表4.1に示すように割込み要因によってはプログラムの実行を継続するのではなく，実行を終了させるものもある．

Column　割込みとOS

OSの始まりは，複数プログラムの実行を制御してスループットを上げたいという動機がもとになっている．OSのない初期のコンピュータでは，CPUは入出力の間も単一のプログラムに専有されているため，スループットが上がらない．そのため，プログラムの入出力動作中に異なるプログラムを実行させるマルチプログラミングが考案された．これを実現するためには，入出力の完了をCPUに知らせる機構（割込み）が不可欠である．

一方，割込みはそれ以前からUNIVAC1において演算オーバフローを知らせるために用いられていた．オーバフローのようにまれにしか発生しないイベントをプログラム上で意識しなくてもよくすることが目的であった．このハードウェア機構を入出力制御に用いるというアイデアが，今日のOSのベースになった大発明と考えられる．

4.2　入出力制御

CPUが入出力装置を起動するためにはコマンドが必要であり，CPUが入出力動作の完了や異常を知るためには，入出力装置の状態を知る必要がある．また，入出力装置はCPUとは非同期で動作するため，入出力データを保持する**バッファ**も必要である．そのため，各入出力制御装置にはコマンド，状態，入出力データを保持するレジスタが備わっている．CPUが入出力装置の制御を行うには，これらの**入出力レジスタ**にアクセスすることにより行われる．このとき，入出力レジスタをメモリアドレス空間の一部に割り当てる方式を**メモリ・マップトI/O**と呼ぶ．メモリ・マップトI/Oでは，入出力レジスタの読書きは通常のメモリの読書きと同一の命令で行われるため，入出力用の専用命令は不要である．一方，入出力制御用に専用の入出力命令をもつ方式を**I/Oマップト I/O**と呼ぶ．

メモリ・マップトI/O：memory mapped I/O

I/O マップト I/O：I/O mapped I/O

入出力制御に関しては，CPUが入出力命令により直接入出力の制御やデータ転送を行う方式（**プログラム制御方式**）と，CPUとは別個のハードウェア機構によりデータ転送を行う方式（**DMA制御方式**）の2つがある．初期のコンピュータではプログラム制御方式が採用されていたが，入出力命令の発行ごとにCPU動作の中断を伴うため，システムの効率が大きく低下するという欠点がある．

プログラム制御：program control

DMA制御：DMA control

プログラム制御方式における入力プログラムのフローチャートを図4.2に示す．

入出力装置側にはデータレジスタと状態レジスタが備わっており，CPUからこれらのレジスタにアクセスすることにより入出力制御を行う．入出力装置は入力データが準備できたとき，状態レジスタ中のフラグを設定する．CPUは状態レジスタを読み出してフラグを検査し，入出力装置が準備できているか否かを判断する．このような方式を**ポーリング**と呼ぶ．フラグが設定されていることをCPUが確認できれば，データレジスタを読み出すことにより入力データが得られる．入出力装置の動作はCPUに比べて遅いため，ポーリングではフラグの検査のためにCPU時間を浪費することに

ポーリング：polling

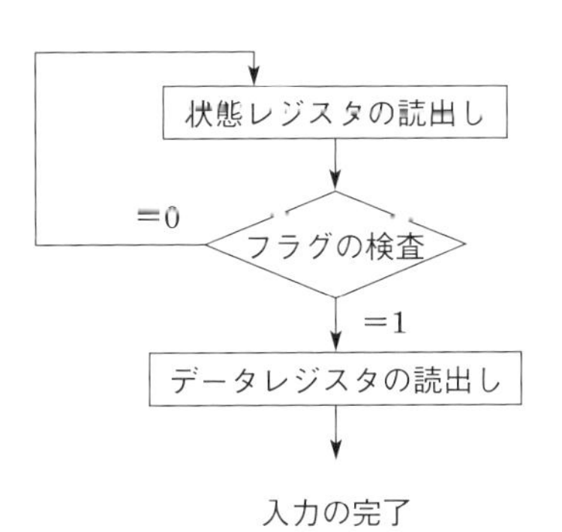

図4.2　データ入力用CPUプログラムのフローチャート

割込み駆動型入出力：
interrupt driven I/O

なる．そのため，割込みにより入出力動作の完了を知らせる方式を**割込み駆動型入出力**と呼ぶ．割込み駆動型入出力方式では，CPUは入出力動作を待ち合わせる間，ほかのプロセスの処理を行うことができる．この方式はマルチタスクOSの最も基本となるものである．しかし，割込み駆動型入出力の欠点として，割込み発生時のOSのオーバヘッドが大きいことがあげられる．特に，多くのイベントが発生するリアルタイムシステムではOSのオーバヘッドを減少させるため，一定時間ごとにCPUがすべての入出力装置のポーリングを行う方式をとる場合もある．

1. DMA制御方式

コンピュータシステム全体の性能を向上させるには，CPUが入出力処理に費やすサイクル数をできるだけ減らすことが有効である．ディスクなどの入出力装置ではブロック転送が多く用いられるが，これを語単位で制御すると語の転送ごとに割込みが発生するため，割込み処理に多くの実行サイクルを必要とする．このため，CPUを介さずに専用ハードウェアにより入出力操作を行う方式を**DMA方式**と呼ぶ．

DMA：
Direct Memory Access

DMAの制御回路では図4.3に示すように主記憶アドレスを格納するアドレスカウンタ，転送語数を格納する語数カウンタ，転送データを保持するためのデータバッファをもつ．CPUからこれらのレジスタに値が設定されるとDMA制御回路はCPUと独立に入出力動作を行い，ブロック転送が完了した時点でCPUに割込みをかけて通知する．これにより，必要な割込み処理はブロック転送の

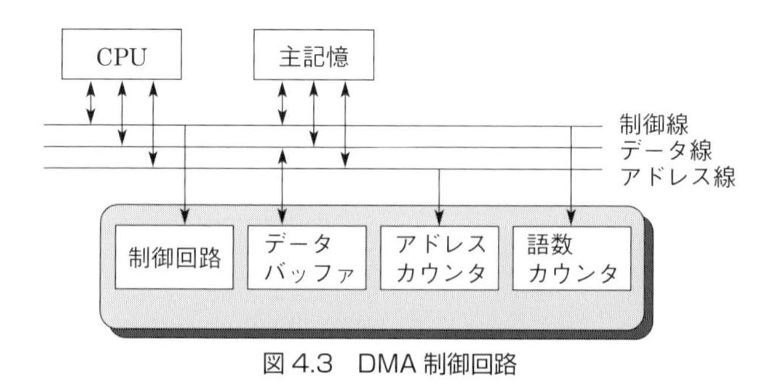

図4.3　DMA制御回路

終了時の1回だけですむ．なお，CPUとDMAはメモリバスを共用するため，メモリコントローラがメモリバスの競合を調停する．

キャッシュを備えたマシンにおいてDMAにより入出力装置から直接主記憶に書込みを行うとき，キャッシュと主記憶との一貫性を保つ必要がある．このため，主記憶に書き込むと同時にそのブロックがキャッシュに存在するときにはキャッシュにも書き込む，あるいは主記憶に書き込むときにそのブロックがキャッシュに存在するときはキャッシュブロックを無効化するなどの制御が必要になる．これはメモリ共有型並列プロセッサにおけるスヌープキャッシュと呼ばれる技術と同様であり，第8章で詳しく説明する．

2. 入出力チャネル

入出力チャネル：
I/O channel

多数の入出力装置が接続される大型計算機では，各入出力装置ごとにDMAを備えるのではなく，DMAを高機能化した**入出力チャネル**と呼ぶ装置を備えて入出力制御を行う方式がとられている．入出力チャネルを介した構成例を図4.4に示す．図のように入出力チャネルは複数の入出力装置を制御することができる．

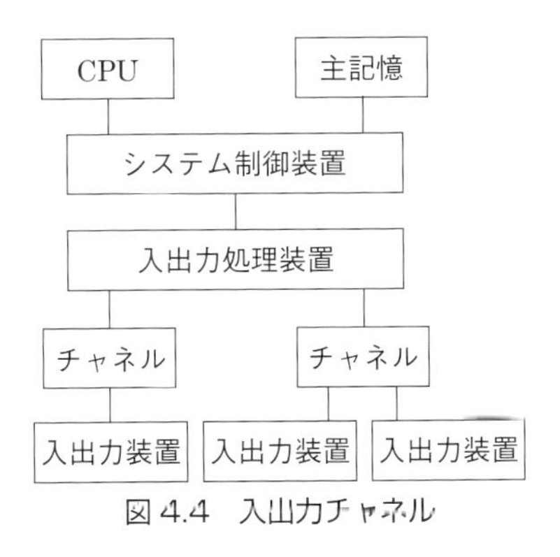

図4.4　入出力チャネル

チャネルプログラム：
channel program

入出力チャネルは**チャネルプログラム**と呼ばれるチャネル用コマンド列により制御される．チャネルプログラムをメモリ上に置き，その先頭アドレスを入出力チャネルに通知することにより，入出力チャネルはCPUとは独立にチャネルプログラムを1語ずつ読み出して入出力制御を行い，チャネルプログラム全体の実行が終了すれば割込みにより CPU に通知する．すなわち，DMA が単一の入出力操作の制御を行うのに対して，チャネルプログラムにより一連の入出力操作を制御することができるため，CPU の介在をさらに減らすことができる．

セレクタチャネル：selector channel

マルチプレクサチャネル：multiplexer channel

入出力チャネルには**セレクタチャネル**と**マルチプレクサチャネル**の 2 種類がある．セレクタチャネルは同時に 2 つ以上の入出力装置の制御を行わず，単一の入出力装置のみを制御する．ディスクなどの高速入出力装置の制御に用いられる．マルチプレクサチャネルは，同時に複数の入出力装置をそれぞれ異なるチャネルプログラムにより制御する．低速な入出力装置の制御に用いられる．

4.3 バ　ス

コンピュータシステムの構成要素間を接続する方法として**バス**がよく用いられる．バスは 1 組の制御線とデータ線で構成され，線の規約（プロトコル）を決めておくことにより，各種の装置を接続することができる．

バスには，図 4.5 に示すように**メモリバス**と**入出力バス**がある．

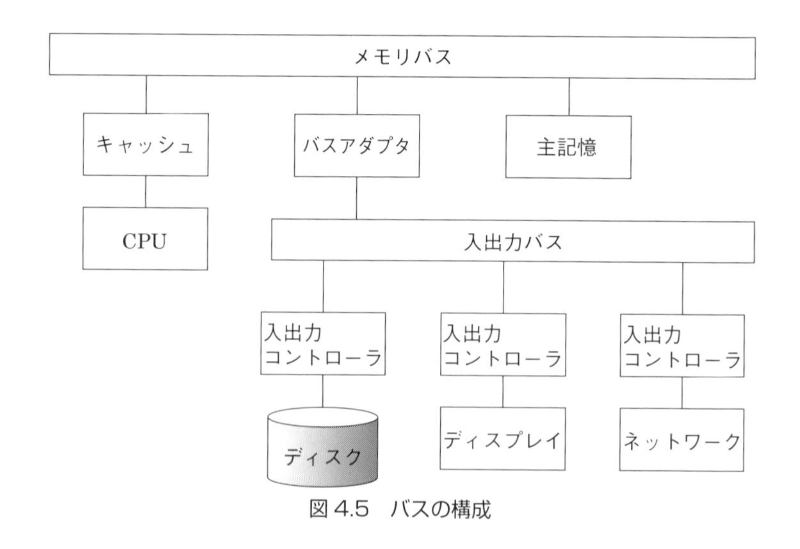

図 4.5　バスの構成

メモリバスは主記憶とCPU間のバンド幅を最大にするように設計されており，特定のプロセッサ毎に設計され，高速，短距離である．入出力バスは多種類の入出力装置を接続するように設計されており，メモリバスに比べて低速，長距離である．また，さまざまな機器を接続できるように標準化が進められている．

1. 同期バスと非同期バス

同期バス：synchronous bus

クロックスキュー：clock skew（共通のクロックが配線長や負荷の違いによりずれを生じること.）

非同期バス：asynchronous bus

ハンドシェイク型プロトコル：handshake protocol

ストローブ：strobe

アクノリッジ：acknowledge

同期バスは制御線にクロックを含むものであり，クロックによる固定的な通信プロトコルが使用される．このためプロトコルが簡単になり，高速な通信が実現できる．しかし，**クロックスキュー**の発生を抑えるため，バス長は長くできず，短距離に限定される．通常，プロセッサと主記憶間は同期バスで接続される．

一方，**非同期バス**は制御線にクロックを含まず，**ハンドシェイク型プロトコル**により同期をとる．ハンドシェイク型プロトコルの例を図4.6に示す．

送信側は**ストローブ信号**を設定するとともにデータ線にデータを置く（①）．受信側はストローブ信号の立上りを認識することによりデータ線よりデータを取り込み，**アクノリッジ信号**を設定することにより送信側に通知する（②）．送信側はアクノリッジ信号の立上りを認識することにより受信側がデータを受信したことを認識し，ストローブ信号とデータ線を解除する（③）．受信側はストロー

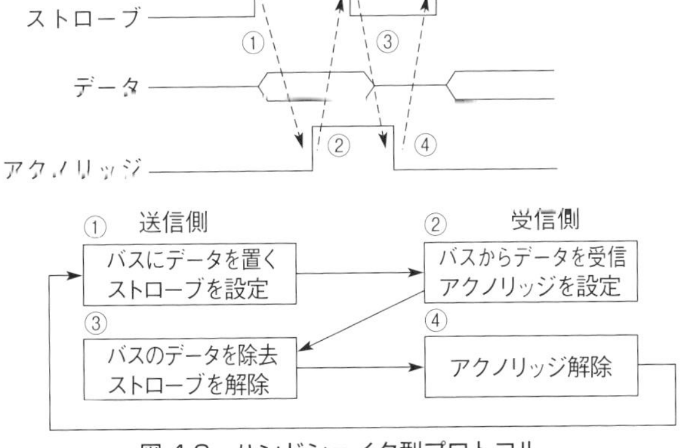

図4.6 ハンドシェイク型プロトコル

ブ信号の立下りを認識することによりアクノリッジ信号を解除する(④)．このように非同期バスは送信側と受信側間の信号の授受によるオーバヘッドが大きいため低速ではあるが，非同期通信のためクロックスキューの心配がないのでバス長を長くでき，また多様な機器を接続する柔軟性に富む．

2. バスの基本動作

バスプロトコル：bus protocol

バス上の装置はあらかじめ決められた手順に従ってバスを使用する．この手順を**バスプロトコル**と呼ぶ．バスの基本操作は

（1）調停：次にバスを使用する装置を決定する
（2）アドレス転送
（3）データ転送
（4）応答：転送が正常に行われたかを連絡する
（5）終了：バスを開放する

バストランザクション：bus transaction

バスマスタ：bus master

といった順序を繰り返す．この一連の動作を**バストランザクション**と呼ぶ．このとき，メモリを主体として，メモリ読出しを行うトランザクションを**リードトランザクション**と呼び，メモリへの書込みを行うトランザクションを**ライトトランザクション**と呼ぶ．このようなバストランザクションを発生させる装置を**バスマスタ**と呼ぶ．CPUはバスマスタであるが，メモリはバスマスタではない．非同期バスのリードトランザクションのプロトコルの例を図4.7に示す．

スプリットバス：split bus

通常のバスは，ある装置がバスを使用中のとき，ほかの装置はトランザクション内の一連の動作が終了するまで待つ必要がある．このため，多数の装置がバスを要求している場合には性能低下をきたす．特に，動作周波数の高い高性能バスになればなるほど，メモリアクセス待ちのクロック数が長くなり，バスの使用効率が低下する．これを改良する方式として**スプリットバス**がある．スプリットバスは，アドレス転送後にバスを開放し，メモリからデータを読み出したあとに再びバスの使用権を確保してデータ転送を行うことにより，複数のバストランザクションを並行して進める方式である．

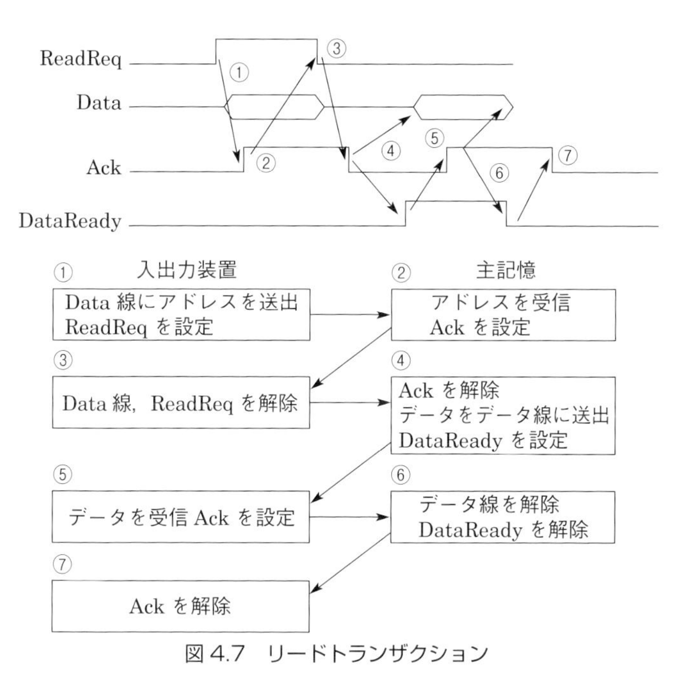

図 4.7 リードトランザクション

3. バスの調停

調停：arbitration

リクエスト：request

グラント：grant

リリース：release

バスは1組の接続線を接続されている機器間で共有されているため，複数の機器が同時にバスを使用することができない．このため，複数のバスマスタを有する場合には，バスの使用が適切に行われるような機構が必要となる．これをバスの**調停**と呼ぶ．

バス調停の手順は次のように行われる．まず，バスを使用したい装置が調停回路に**リクエスト信号**を出す．調停回路は**グラント信号**によりリクエスト信号を出した装置の中から1つを選んでバスの使用許可を出す．使用許可を得た装置はバスを使用し，終了すれば調停回路にリリース信号を出す．調停回路は**リリース信号**を受け取れば，ほかの装置にバスの使用権を与える．

調停回路では，あらかじめ決められた各装置の優先順位に基づいて調停を行う．また，優先順位の低い装置に対してもバスが使用できるように公平性を保証する必要がある．

代表的なバスの調停方法には次の方式がある．

デイジーチェーン方式：
daisy chain

ワイヤードオア：
wired OR（出力を並列につなげてORを行う.）

① **デイジーチェーン方式**：装置を優先順位の高い順に芋づる式に接続する方式である．図4.8にデイジーチェーン方式を示す．バスのリクエスト信号は**ワイヤードオア**されてバス調停回路に伝達される．バスのグラント信号はバス調停回路から芋づる式に中継され，バスの調停回路に近いほど優先度が高い．バスの使用権を要求した装置は自分より優先順位の低い装置側にグラント信号を中継しないことにより，調停が行われる．例えば，図の入出力装置2と3がリクエスト信号を発行したとき，バス調停回路が発行したグラント信号は入出力装置1を通過するが，入出力装置2は自分がリクエストを出しているのでグラント信号を入出力装置3に中継しない．これにより，バス調停回路に近い入出力装置2のほうが優先される．この方式は単純であるが，優先順位の低い装置への公平性が保てない点が欠点である．

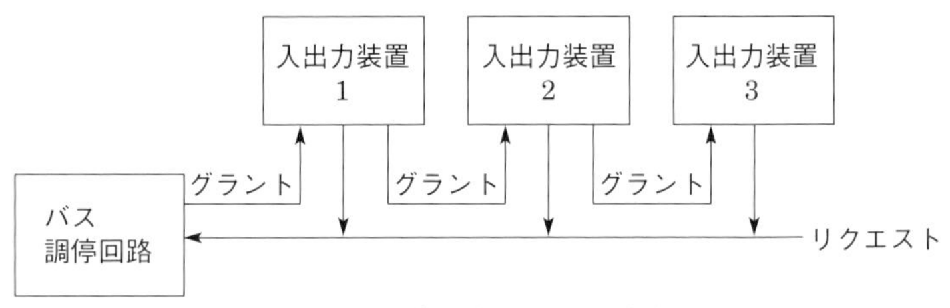

図4.8　デイジーチェーン方式

集中並列方式：
centralized parallel arbitration

② **集中並列方式**：図4.9に示すように各装置が独立したリクエスト線を用いてバスの使用権を要求する方式である．調停回路では，リクエストを出している装置の中から1つを選択してグラント信号を出す．この方式では，調停回路がすべての制御を行うので，バスへの接続本数が固定され，拡張性に問題がある．

分散型自己判定方式：
distributed arbitration by self-selection

③ **分散型自己判定方式**：バスの使用権を要求している各装置が自ら判定を行い，集中的な調停回路を必要としない方式である．図4.10に示すようにリクエスト線は複数ビットあり，各装置は自分の識別コードをリクエスト線に送出する．リクエスト線上に0と1があるときは0が強い．判定は上位ビットから行われ，自分の送出した値とリクエスト線の値が異なると

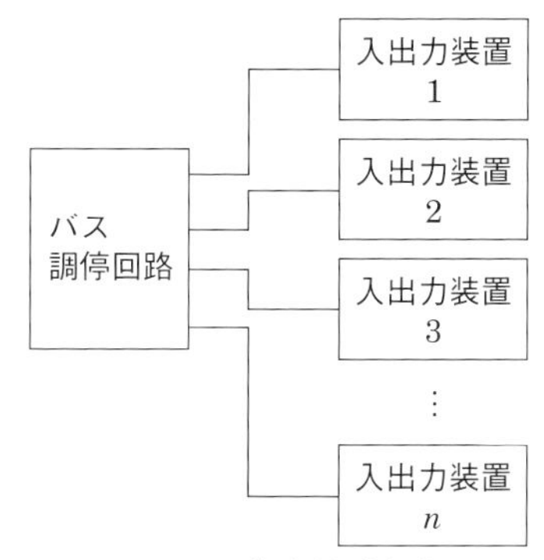

図 4.9　集中並列方式

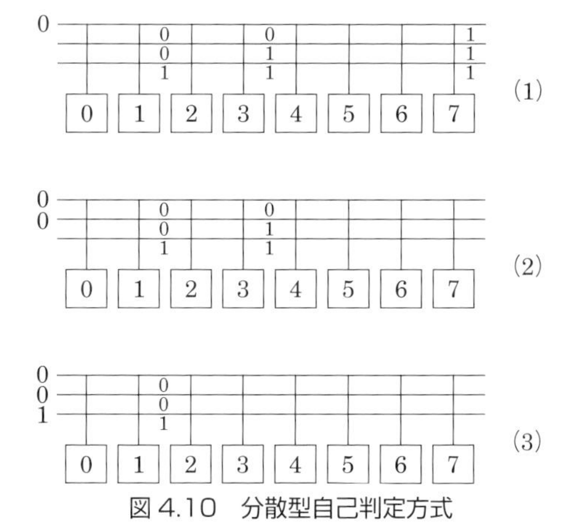

図 4.10　分散型自己判定方式

き，装置は下位ビットの値の送出を取り下げる．最終的に送出した値とリクエスト線の値が一致した装置がバスの使用権を獲得する．図 4.10 において，装置 1，3，7 がリクエストを出すとき，リクエスト線の最上位ビットは 0 となり（1），まず装置 7 が取り下げる（2）．次に 2 番目のビットは 0 となり，装置 3 が取り下げる（3）．その結果，リクエスト線上の値は 001 となり，装置 1 がバスの使用権を獲得する．

分散型衝突検出方式：
distributed arbitration by collision detection

④ **分散型衝突検出方式**：各装置が独立してバスの使用を開始し，調停回路はもたない方式である．その代わり，複数の装置が同時にバスを使用した場合の衝突を検出する機構と，衝突が

検出されたときにどれかの装置を選択する機構が備わっている．Ethernet ではこの方式が用いられている．

シリアルバス：serial bus

パラレル伝送：parallel transmission

4. シリアルバス

従来のバスは多数の信号を並列に伝送しており，これを**パラレル伝送**と呼ぶ．パラレル伝送では，同時に伝送する信号数を増やすことにより伝送速度を上げることができる．しかし，パラレル伝送で周波数を上げると，信号線間のクロストークが発生するためノイズが大きくなり，高い周波数での伝送は困難である．

一方，**シリアルバス**では1つの信号に2本の線を用い，互いに逆の信号を伝送するとノイズが打ち消しあうため，高い周波数で伝送することができる．これを**差動伝送**という．差動伝送では，パラレル伝送の10倍以上の周波数で伝送することが可能である．また，信号線が少ないことは実装にも有利となるため，最近のバスではシリアルバスがよく用いられている．

差動伝送：differential transmission

シリアルバスでは，送受信各1ビットで計4本の線の組を**レーン**と呼ぶ．高速性が要求されるバスでは，複数のレーンを束ねて伝送することにより，伝送速度をさらに高めている．

レーン：lane

5. 標準バス

バスを標準化することは，コンピュータにさまざまな機器を接続することが容易になり，ユーザのみならずコンピュータメーカや周辺機器メーカにとっても有益である．そのため，各種のバスの標準化が行われている．以下では，代表的なバスについて説明する．

PCI バスはパソコン内部の各パーツ間を結ぶバスの規格であり，Intel を中心とするグループによって策定された．長い間業界標準だった ISA バスに代わる標準規格として急速に普及した．PCI は32あるいは64ビットの転送幅であるが，これをシリアルバスにより高速化を図ったものが **PCI Express** である．2010年に制定された PCI Express3.0 では，1レーンあたり 8 Gbps である．

PCI バス：Peripheral Components Interconnect bus

SCSI は，パソコン本体と周辺機器の接続方法を取り決めたものであり，1986年から規格化されている．その後，汎用性や性能が大幅に強化された後継規格として，SCSI-2 や SCSI-3 が制定された．

SCSI：Small Computer System Interface

また，SCSIをシリアル化したものがSASであり，サーバで用いられている．

IDE：
Integrated Drive Electronics

IDEはストレージ向けのインタフェースであり，米国規格協会によりATAとして標準化された．パソコンに内蔵するハードディスクやDVDを接続するインタフェースとして用いられている．**SATA**は，ATAの拡張仕様である．ATAはパラレルバスであったのをSATAはシリアルバスに変更し，高速化した．2009年に発表されたSATA3は，6 Gbpsの転送速度である．

SATA：
Serial Advanced Technology Attachment

USB：
Universal Serial Bus

USBはシリアルバス方式のバスで，1つの伝送路に最大127台の機器が接続できる．また，USBハブを用いることにより接続する機器をさらに増やすことができる．コンピュータを稼動させたままコネクタを抜差しできる（**ホットプラグ**）機能をもつ．また，電力を供給する機能をもつ．初期の規格（USB1.1）では転送速度は12 Mbpsで，キーボードなどの低速機器に用いられたが，最近のUSB3.2では20 Gbpsに対応でき，HDDなどの外部記憶にも用いられている．

ホットプラグ：
hot plug

Infinibandは高速性と高信頼性が要求されるバスとして用いられる．また，**レイテンシ**が低いという特徴も有しており，多くのスーパコンピュータのプロセッサ間結合網で用いられている．現在，12本のレーンを束ねて最大600 Gbpsの転送速度が実現されている．

レイテンシ：
転送要求を出してから実際にデータが送られてくるまでの遅延時間．

Column　PCの構成

ほとんどのPCのマザーボードには**チップセット**と呼ばれるチップが搭載されている．これは，CPU，メモリや入出力装置間のデータ転送を制御する部品である．図4.11に示すようにチップセットにはノースブリッジとサウスブリッジの2種類が搭載されている．ノースブリッジはCPUの近くに置かれ，CPU,主記憶，グラフィックスの間の高速なデータ転送を制御する．サウスブリッジは，PCIやUSBなどの入出力バスを接続する．

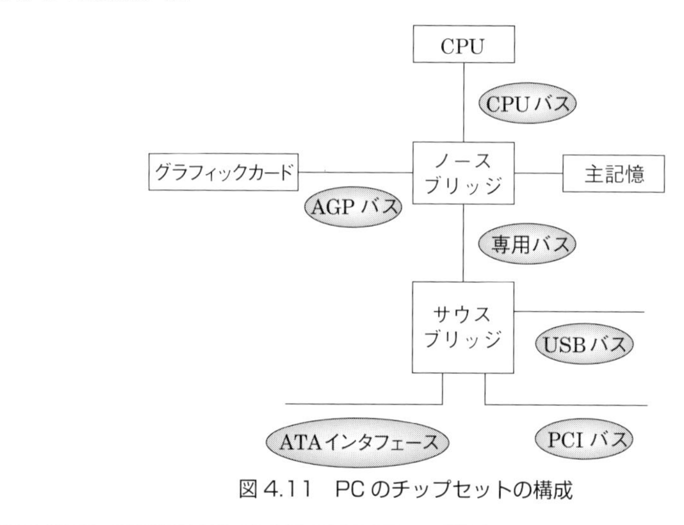

図4.11　PCのチップセットの構成

4.4　入出力装置

入出力装置には各種のものがあり，その性能はさまざまである．入出力装置のうち，ハードディスク装置はデータベースを格納するオンライン記憶装置として用いられ，システムの性能において重要な役割を果たしているので，詳しく説明する．

HDD：
Hard Disk Drive

1. ハードディスク装置（HDD）

ハードディスク装置（**HDD**）の構造を図4.12（a）に示す．

図に示すように，ハードディスク装置は複数枚の盤面が積み重ねられた構成をとり，各盤面の表裏で情報を記憶する．盤面は高速にアーム：
arm

ヘッド：
head

回転し，読み書きしたい位置に**アーム**を移動し，アームに取り付けられた**ヘッド**により情報を読み取る．ヘッドは各盤面上にあり，アームの移動により一斉に動く．

トラック：
track

セクタ：
sector

ディスクの盤面を図 4.12（b）に示す．ヘッドの位置を固定したとき，ディスクの 1 回転により読み書きできる同心円状の領域を**トラック**と呼ぶ．トラックはさらに**セクタ**と呼ぶ単位に分割される．これがデータの読み書きの単位となる．

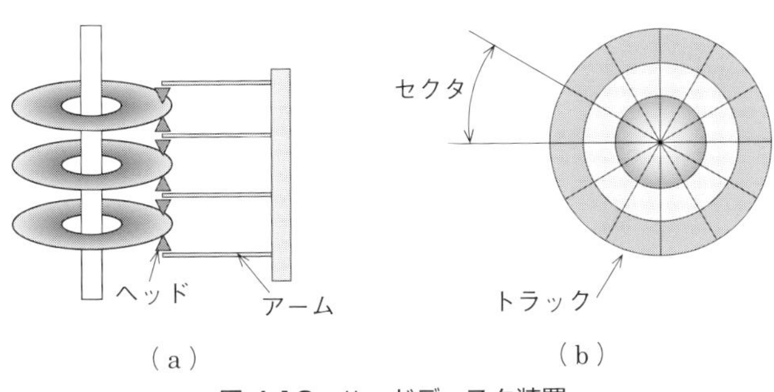

図 4.12　ハードディスク装置

ディスク上のデータの読み書きに要する時間は，以下の 3 つの要素の和となる．

シーク：
seek

① **シーク時間**：アームを動かして，ヘッドを読み書きの対象となるトラックに移動させることを**シーク**と呼び，それにかかる時間をシーク時間と呼ぶ．シークは物理的なアームの移動を伴うので，シーク時間は移動距離により異なる．そのため平均的な移動距離に要する時間を平均シーク時間と呼び，一般に数 ms 程度を要する．

rpm：
rotation per minute

② **回転待ち時間**：読み書きの対象セクタがヘッドの下に来るまで待つのに要する時間を回転待ち時間と呼ぶ．ディスクの回転速度は 1 分間の回転数 **rpm** で表す．一般に3 600～7 200 rpm 程度である．平均回転待ち時間はディスクが半回転する時間で表される．すなわち，4～8 ms 程度を要する．

③ **転送時間**：セクタからデータを読み出すのに要する時間を転送時間と呼ぶ．一般に 10～100 MB/秒程度を要する．

【例題】 平均シーク時間：15 ms，回転速度：3 600 rpm，転送速度：10 MB/s のディスクより 4 KB アクセスするときに要する平均時間を求めよ．

【解答】

平均回転待ち時間 = 0.5/(3600/60) = 8.3 ms

転送時間 = 4 KB/10 MB = 0.4 ms

全体の時間 = 平均シーク時間 + 平均回転待ち時間 + 転送時間
= 15 + 8.3 + 0.4 = 23.7 ms

このように，ディスクアクセスに要する時間の大半はシーク時間と回転待ち時間である．1.1 節に述べたようにディスクの記録密度は飛躍的に向上し，これにつれて転送時間も飛躍的に向上しているが，シーク時間や回転待ち時間は機械的な動作に起因するものであり，転送時間との差はますます増大している．

2. ディスクアレイ

ハードディスクの読出し・書込み速度はディスクドライブの数を増やし，並列に行うことにより向上できる．このため，小規模の安価なディスクを配列状に設置して，同時にアクセスことによりディスクへの読書きを高速化する方式として，**ディスクアレイ**が提案されている．データを複数のディスクに分散配置し，これらを同時にアクセスすることにより，転送速度が向上する．しかし，装置台数の増加に伴い，信頼性が低下するという欠点がある．この点を改良するため，エラー検出・訂正用の情報を付加して，冗長なディスクを追加した構成を **RAID** と呼ぶ．RAID には，RAID0 から RAID6 までの 7 種類の方式がある．この中で，RAID0，RAID1，RAID4，RAID5，RAID6 の構成を図 4.13 に示し，説明する．

ディスクアレイ：disk array

RAID：Redundant Array of Inexpensive Disks

RAID0 ではデータを複数ディスクにまたがって帯状に格納する．これを**ストライピング**と呼ぶ．このレベルでは前述のように転送速度は向上するが，信頼性は低下する．

ストライピング：striping

RAID1 では図のようにディスクを二重化し，書込みは双方のディスクに行い，読出しは一方のディスクから行う．これにより一方のディスクが故障しても他方のディスクを用いて処理を継続できるので信頼性は向上する．このような二重化方式を**ミラーリング**と

ミラーリング：mirroring

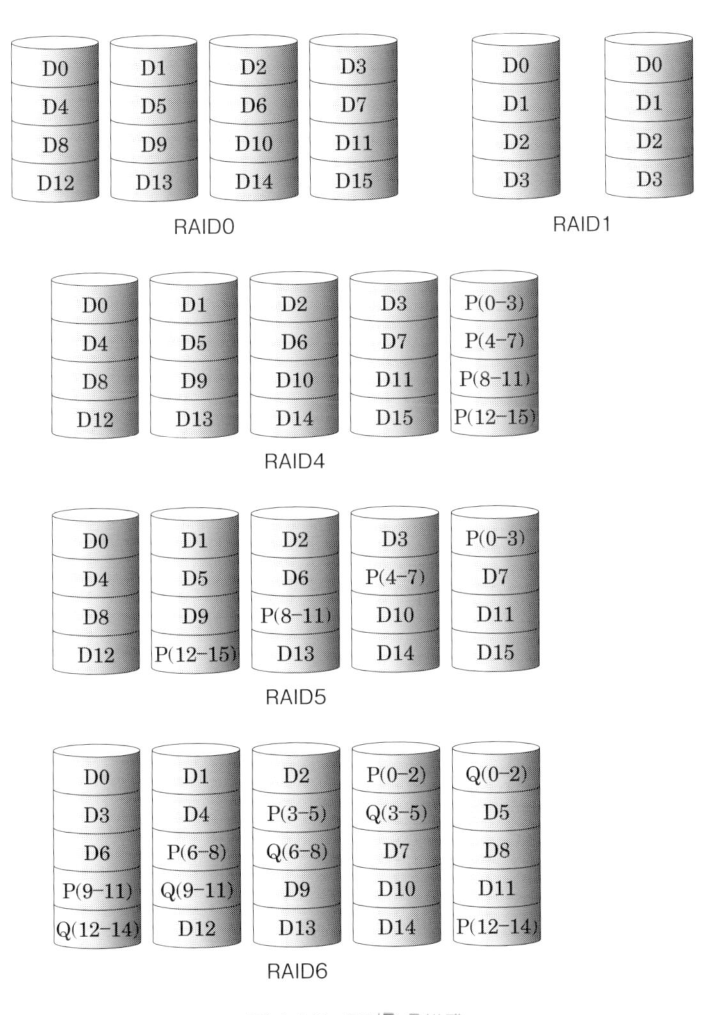

図 4.13　RAID の構成

呼ぶ．しかし，ディスク容量全体の半分しか実質的に使えない．

パリティ：parity

RAID4 では，複数あるディスクのうち 1 台を**パリティ**と呼ばれる誤り訂正符号の記録に割り当て，パリティディスク以外のディスクにデータを分散して記録する方式である．エラー訂正符号により，どれか 1 台が故障してもデータを復旧することができるため，信頼性は高い．しかし，書込みのときにパリティを記録するディスクへのアクセスが必ず生じるため，パリティディスクの消耗が激しく寿命が低下する点が欠点である．

RAID5は，RAID4のパリティを分散して記録する方式である．データだけでなくパリティも分散することで，台数が増える分だけ転送速度の向上が期待でき，かつ信頼性も向上する．現在最も普及している方式である．

RAID6は2種類のパリティを生成することにより，2つのディスクに障害が発生してもデータを復元できるものである．RAID5より高い信頼性を実現できる．

RAID構成の比較を表4.2にまとめる．

表4.2　RAID構成の比較

	RAID0	RAID1	RAID4	RAID5	RAID6
ストライピング	有	無	有	有	有
データ復元方法	—	2重化	パリティ	パリティ	2重パリティ
冗長ディスク構成	—	固定	固定	分散	分散
N 台構成の容量	N	1	$N-1$	$N-1$	$N-2$

3. 半導体ディスク装置（SSD）

SSD：
Solid State Drive

SSDとは，記録媒体として半導体素子を用いるドライブ装置である．現在ではフラッシュメモリが用いられている．フラッシュメモリは不揮発性メモリであり，数KBのブロック単位で読み書きができる．2000年代の急激な技術進歩により，性能，容量，価格がHDDとDRAMの中間に位置づけられるようになり，HDDの代替として用いられるようになった．HDDと比較して，高速に回転する機械部品がないため，消費電力も少なく，耐衝撃性に優れ，装置の小型化が可能となっている．ただし，フラッシュメモリは書込みを行うごとに素子が劣化するため，ハードディスクより寿命が短い．この欠点を補うため，各素子にまんべんなく書込みを分散させる制御（**ウェアレベリング**）が行われている．

ウェアレベリング：
wear leveling

演習問題

問1 プログラムのデバッグにおいて，トレースやブレークポイント割込みが必要な理由について説明せよ．

問2 HDDをポーリングで制御すると仮定する．ポーリングに要するクロックサイクル数を400とし，プロセッサのクロック周波数を500 MHzとする．HDDはプロセッサに16バイト単位のデータを4 MB/secで転送するとき，HDDをポーリングすることにより消費されるCPU時間の割合を求めよ．

問3 図4.10に示した分散型自己判定方式の調停において，装置0，2，5がリクエストを出したときの調停のようすを示せ．

問4 平均シーク時間：15 ms，回転数：6 000 rpm，トラックの記録容量が200 KBのディスクより2 KBのデータをアクセスするときに要する平均時間を求めよ．

問5 RAID01とは，RAID0のグループに対してRAID1を用いた方式である．また，RAID10とは，RAID1のグループに対してRAID0を用いた方式である．4台のHDDを2台のグループ2つにしたときのRAID01，RAID10の構成を図示せよ．

第5章

プロセッサアーキテクチャ

命令セットを実行するハードウェアを中央処理装置（CPU）という．本章ではプロセッサは CPU のことを意味し，プロセッサアーキテクチャは CPU の構成方式を示す．最初にデータ形式と数の表現について述べ，その後演算装置，演算方式を解説する．次に，基本的なプロセッサの構成について説明する．

5.1　データ形式

ビット：bit

バイト：byte

ワード（語）：word

64ビット語：64bit word（32ビットでアドレスを表現すると4G〔=10^9〕が最大である．現在ではこれではデータ空間を表現するのに不十分であり，64ビット語が広まりつつある．）

1．情報の単位

計算機の内部処理においては，**ビット**，**バイト**，**ワード（語）**などのデータの単位が使われる．

1ビットは2進数1桁のことである．数字は0と1によって示す．

1バイトは8ビットのことであり，数字，文字，符号を表現する．古い計算機では6ビットをキャラクタと呼んで，1つのデータ単位としたこともあったが現在は8ビットに統一されている．

語（ワード）は，主記憶の語や計算機内で処理する演算データの単位として使われる．1語32ビットが標準であるが，最近は**64ビット語**も使われている．今後は大規模な情報処理に使われるシステムでは64ビット語が標準となると思われる.

2. データの種類

計算機が処理するデータには数値，符号，論理値がある．数値には2進数，8進数，10進数，16進数がある．計算機の内部では数値としては2進数およびその親戚関係にある8進数や16進数が使われることが多い．10進数はわれわれの通常の計算に使われている．計算機の内部では10進数を演算データとして取り扱う機械がある．

符号：
code（コード）

符号（コード）は，英数字，かな，漢字を表す．数字は10進数を表現する．**ASCIIコード**は7ビットで128文字を表しており，英数字を表す最も基本的な文字コードとして世界的に用いられている．かなや漢字を表す標準化文字コードとして，**JISコード**，Shift JISコード，UNIX系のEUC-JPコードがある．また，世界中の文字を共通の文字集合として利用することを目的に**Unicode**が標準化されている．Unicodeにおいてはさまざまな方式があり，UTF-8とUTF-16がよく用いられている．

さらに論理値を扱う．1または0によって真偽を表すため，2進数1ビットのデータと同じ形であるが，意味として論理値を表現する．

3. 固定小数点数

計算機内部のデータ形式によって数の大きさを表現する．正の整数の固定小数点データは数値の**基数**をrとし，nを桁数とすると，その大きさは次のように表現される．

基数：
base

n桁の整数　$(a_{n-1}\,a_{n-2}\cdots\cdots a_0)r$　(5.1)

数の大きさ　$a_{n-1}r^{n-1}+a_{n-2}r^{n-2}+\cdots\cdots+a_0r^0$　(5.2)

10進数は$r=10$であり，a_i ($i=0\sim n-1$) は0から9の値をとる．2進数は$r=2$であり，a_iは0と1の値をとる．1桁の8進数は3ビットの2進数を束ねたものである．したがってa_iは0から7の値をとる．1桁の16進数は4ビットの2進数を束ねたものである．したがって16進数a_iは0から9で数字を表し，**A〜F**によって10から15までの数字を表す．8進数と16進数は数の基数が2のべき乗であるため，2進数との間に関係が強く，上記のように3もしくは4ビットを束ねるだけで相互変換が可能である．

A〜F：
16進数の1010をA，1011をB，以下1111をFとして10進数の10以上の16進数を英文字で表現する．

2 進数と 10 進数との間では多少の変換が必要である．2 進数から 10 進数への変換は式（5.2）において，$r=2$ とし，式のとおりの重み付けをして求めればよい．例として 101010 では次のとおりである．

$$1\times2^5+0\times2^4+1\times2^3+0\times2^2+1\times2^1+0\times2^0=32+8+2=42$$

10 進数から 2 進数への変換は次のようになる．

$$
\begin{aligned}
(N)_{10} &= a_{n-1}2^{n-1}+a_{n-2}2^{n-2}+\cdots\cdots+a_0 2^0 \\
&= (a_{n-1}2^{n-2}+a_{n-2}2^{n-3}+\cdots\cdots+a_1)2+a_0 \\
&= ((a_{n-1}2^{n-3}+a_{n-2}2^{n-4}+\cdots\cdots+a_2)2+a_1)2+a_0 \\
&= ((\cdots(a_{n-1}2+a_{n-2})2+\cdots\cdots+a_2)2+a_1)2+a_0
\end{aligned}
\tag{5.3}
$$

したがって，次のように，N を 2 で割って余りを記録していけば，2 進数が求められる．$N=55$ とすると次のとおりである．

2) 55　　27　…　1（余り）　　最下位桁
2) 27　　13　…　1
2) 13　　6　…　1
2) 6　　3　…　0
2) 3　　1　…　1
2) 1　　0　…　1　　最上位桁

求める 2 進数は 110111 である．

4. 2 進数の表現

2 進数を表現するデータ形式を図 5.1 に示す．

符号桁（S）は左にあり，その他の部分で**数値**（M）を表す．小数

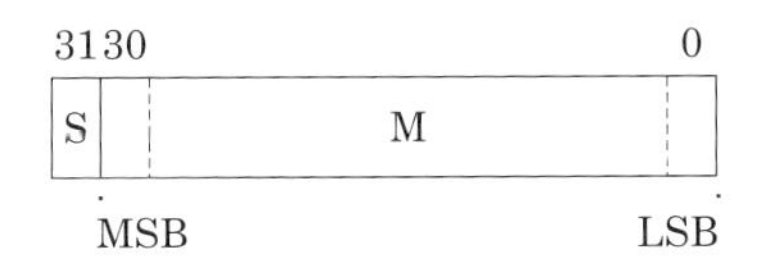

S：符号　　M：数値
小数点は 0 ビットの右もしくは S の右
30 ビットが Most significant bit（MSB）
0 ビットが Least significant bit（LSB）

図 5.1　固定小数点形式

ビット番号：
左から右へビットアドレスとして小さい順に並べるのが big endian，その逆を little endian という．数の表現として最も重みが小さいビットを Least Significant Bit（**LSB**）という．最も重みが大きいビットは Most Significant Bit（**MSB**）という．big endian の 0ビット目は MSB，little endian の 0ビット目は LSB である．IBM360 アーキテクチャでは big endian，PDP-11，SPARC（SUN）などは little endian である．

絶対値表現：
absolute value expression

2の補数：
2's complement

1の補数：
1's complement

点は数値部の右または左に置くことができる．**ビット番号**を左から0，1，2とつける場合と右から0，1，2とつける場合があり，計算機によって決まっている．図5.1は右から番号付けをした例である．

負の2進数の表現形式には**絶対値表現**と**補数表現**がある．

絶対値表現では符号と正の値の2進整数（もしくは小数）によって数値を表す．この表現は固定小数点数よりも，浮動小数点数の仮数部でよく使われる．これは，浮動小数点演算では数の精度に関心が強いので，0を中心にして数の大きさが+，−側に対称である絶対値表現が優れているためである．

補数表現には**2の補数**と**1の補数**がある．

多くの計算機で用いられている固定小数点形式は2の補数表現である．2の補数の形式において負の数を作るためには，元の数のそれぞれのビットを反転した数の最下位に1を加えればよい．

2の補数を用いれば，2つの2進数の加減算において，引き算する数は2の補数をとって加算すれば，正しい結果が得られるため，加算器のみで加減算を実行できる利点がある．

1の補数表現では，ある数の負の数は元の数のそれぞれのビットの0，1を単に逆にすることによって容易に得られる．しかし，個々の演算における補正が必要であり，制御上複雑なこともあって現在ではあまり使われていない．

数Xを符号部に1桁と数値部がn桁で構成し，$n+1$桁の数で表現する．小数点を右にしたときに，数値部は整数となる．小数点を左にすれば，小数を示す．以下の説明では図5.1に従って，2の補数を符号と小数とによって表現する．つまり，小数点位置をMSBの左とする．

(a) 絶対値表現

絶対値表現では，符号桁に続けて数値部を置き，数値部は絶対値Xaで表現されるn桁の数である．数Xは$n+1$桁の表現X'として次のように表される．

正は $0Xa$

負は $1Xa$

数Xの大きさを$\overline{X}$と表すと，正では$\overline{X}=Xa$，負では$\overline{X}=-Xa$である．表現可能な数Xは，正は0から$(1-2^{-n})$，負は$-(1-2^{-n})$

から-0である．

(b) 2の補数表現

次の式が成り立つXcをXの2の補数と定義する．ただしXaは上記の絶対値，Xcは最上位の符号桁を除いたn桁の数値部である．

$$Xa+Xc=1 \tag{5.4}$$

2の補数表現では，Xを符号部1桁に数値部n桁を続けてできる$n+1$桁の数X'として表現する．

正は$0Xa$

負は$1Xc$

数Xの表す大きさ$\overline{X}$は，式（5.4）から次のとおりである．

正は$\overline{X}=Xa$

負は$\overline{X}=-(1-Xc)=-1+Xc=-Xa$

Xcは0から$1-2^{-n}$までの数値を取ることができるので，表現可能な数Xは負では-1から-2^{-n}，正では0から（$1-2^{-n}$）である．

XcはXaを足すと1になる数なので，Xaの各桁を反転（0を1に，1を0に）して，最下位に2^{-n}を加えればよい．Xaを反転した数をXaに足すと各桁がすべて1となり，これに最下位桁に1を加えると，n桁すべてに桁上がりが生じて，結果として1になるからである．

(c) 1の補数表現

次の式が成り立つとき，XdをXの1の補数と定義する．Xaは上記の絶対値，Xdはn桁の数値部を示す．

$$Xa+Xd=1-2^{-n} \tag{5.5}$$

Xは符号桁を追加して$n+1$桁の数X'で表す．

正は$0Xa$

負は$1Xd$

数Xの表す大きさは次のとおりである．

正は$\overline{X}=Xa$

負は$\overline{X}=-(1-2^{-n}-Xd)=-1+2^{-n}+Xd=-Xa$

Xdは0から（$1-2^{-n}$）の数値を取ることができる．表現可能な数Xは，負が$-(1-2^{-n})$から-0，正が0から（$1-2^{-n}$）である．

定義より$Xd=Xc-2^{-n}$なのでXdはXaの各桁を反転したものである．

Column

ある2進数の2の補数形式で表現した負の数は図5.2で示される**仮想桁**（小数点を符号桁のすぐ右においたときの仮想的な2）からその数を引いた数と一致している．これが2の補数という理由である．

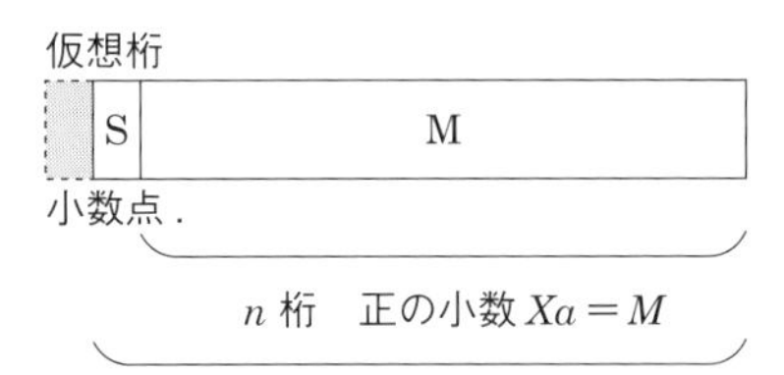

図5.2　2の補数表示と数の大きさ

5. 浮動小数点数

浮動小数点数によって指数を用いた実数形式の数を表現することができる．すなわち fr^e の形式をした数であり，f を**仮数**，r を**基数**，e を**指数**という．ここでは2進数つまり $r=2$ の場合を示す．

IEEE：Institute of Electric and Electronic Engineers という学会．IEEE Standard Association という団体が標準を取り仕切っている．

図5.3は世界標準の**IEEE形式**の単精度浮動小数点数を表す．

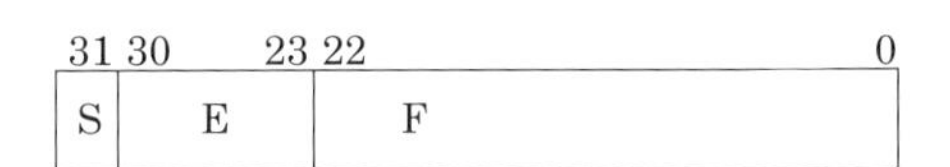

S：符号　E：指数　F：仮数

$(-1)^{S}(1.F)\times 2^{E-127}$

図5.3　IEEE浮動小数点形式（単精度）

符号：sign

指数部：exponent

仮数部：fraction

符号桁（S）が1ビット，**指数部**（E）が8ビット，**仮数部**（F）が23ビット，合計32ビットである．

符号桁と仮数部で絶対値表現の小数を示す．Fは23ビットではあるが，上位の1を暗に1ビット追加した実質24ビットの数を表現する．これを**正規化された仮数**といい，(1.F) を意味する．ただし，指数部が0と255の時はあとで述べるような特別の数を示す．

バイアス：
bias（ゲタはかせ）

指数部は図 5.4 に示すように，**バイアス値**を加算した値とする．実際の指数部の大きさ e は E から 127 引いた数で示される（e=E−127）．

指数部 E（10 進数）	バイアス	指数表現（e）	
11111111 (255)		128	無限大，非数
11111110 (254)		127	通常数の表現はこの範囲を使用
⋮		⋮	
10000000 (128)	−127	1	
⋮		⋮	
00000001 (　1)		−126	
00000000 (　0)		−127	ゼロ，非正規化数

図 5.4　指数部の表現

e は 128 から −127 を表している．e が 127 から −126 までの値をとるときは，上記のように正規化された仮数を表す．例えば 10 進数 50 は S=0，E=10000100，(1.F)=1.10010000000000000000000 である．

非数（NaN）：
Non-Number

非正規化数：
denormalized number

e が 128 の場合は**無限大**や**非数（NaN）**，e が −127 のときはゼロや**非正規化数**を表す．これらの表現形式を図 5.5 に示す．非正規化数では仮数を（0.F）として表現し，指数は 2^{-126} を示す．

e の値	数の表現
e＝128	F＝0 のとき　$(-1)^S\infty$ F!＝0 のとき　非数 NaN
e＝127〜−126	$(-1)^S$（1.F）$\times 2^e$
e＝−127	F＝0 のとき $(-1)^S 0$ F!＝0 のとき $(-1)^S 2^{-126}$（0.F）非正規化数

図 5.5　IEEE 形式浮動小数点数の表現

IEEE 形式には倍精度データも定義されている．符号桁は 1 ビット，指数部は 11 ビットで 1 023 のバイアス，仮数部は 52 ビットである．e が 1 024 のときは無限大や非数，e が −1 023 のときはゼロや非正規化数を表す．1 024 ＞ e ＞ −1 023 のときは正規化された（1.F）で示される合計 53 ビットのデータが表現される．

4倍精度の数は符号桁1ビット，指数部が15ビット，仮数部は112ビットである．バイアスは−16 383で表現形式は上記と同等である．

このほか**拡張倍精度**は符号桁が1ビット，指数部が15ビット，仮数部が64ビット合計80ビットである．

5.2 演算装置

1. 加減算

$Z=X+Y$ を求める．減算のときは Y の値を $-Y$ に変換して加算すればよいので，加算で代表して説明をする．以下の説明では2進数の表現として数値桁は小数として説明を行う．

(a) 絶対値表現

① X の符号が0，Y の符号が0のとき
　Z の符号桁は0．数値桁は $Xa+Ya$，1以上ならば**オーバフロー**．

② X の符号が0，Y の符号が1のとき
　$Xa \geqq Ya$ のとき，Z の符号桁0．数値桁 $Xa-Ya$．
　$Xa < Ya$ のとき，Z の符号桁1．数値桁 $Ya-Xa$．
　数値桁は $1-2^{-n}$ より小さいのでオーバフローは生じない．

③ X の符号が1，Y の符号が0のとき
　$Xa > Ya$ のとき，Z の符号桁1．数値桁 $Xa-Ya$．
　$Xa \leqq Ya$ のとき，Z の符号桁0．数値桁 $Ya-Xa$．
　数値桁は $1-2^{-n}$ より小さいのでオーバフローは生じない．

④ X の符号が1，Y の符号が1のとき
　Z の符号桁は1．数値桁は $Xa+Ya$，1以上ならばオーバフロー．

(b) 2の補数表現

2の補数で表現された X，Y の加算を行う．X を符号なし2進数とみなしたときの $n+1$ 桁の数を X' と表現する．X' が正のとき $X'=Xa$，負のとき $X'=1+Xc$ となる．加算 $X'+Y'$ は符号桁も含めた $n+1$ 桁の数の加算を行えばよく，これを以下に説明する．2の補数表現ではオーバフロー以外ではこの加算結果が正しい結果となる．

オーバフローは正どうしの数，または負どうしの数の加算のときに発生する．正と負の数の加算では生じない．いいかえると加算結果の符号桁からの桁上げと，符号桁への桁上げの排他的論理和が1になるときに生ずる．

① Xの符号が0，Yの符号が0のとき

$Z' = X' + Y' = Xa + Ya$

数値部が1より小さければ，結果の符号桁が0であり，正しい結果になる．数値部$Xa + Ya$が1以上ならばオーバフローとなる．1以上のときは，結果の符号桁が1になるので負の数を示すことになり，表現形式に合わない．いいかえると，符号桁への桁上げがあり，符号桁からの桁上げはないのでオーバフロー条件を示している．

② Xの符号が0，Yの符号が1のとき

定義から$X' = Xa$，$Y' = 1 + Yc$である．

$Z' = X' + Y' = Xa + 1 + Yc = Xa + 1 + 1 - Ya$　　（式5.4より）

$= Xa + 2 - Ya = 2 + Xa - Ya$　　(5.6)

・$Xa \geqq Ya$のとき，図5.2に示された仮想桁が1となり，仮の2が生じるが，$n + 1$桁から溢れるのでこれを無視することができ，符号桁は0，数値部は$Xa - Ya$が答えとなる．

・$Xa < Ya$のとき，式（5.6）より

$Z' = X' + Y' = 1 + 1 - (Ya - Xa) = 1 + (Ya - Xa)c$

Z'の符号桁は1，数値部が（$Ya - Xa$）の2の補数である．したがって，Z'は負の数を表し，正しい結果となる．

③ Xの符号が1，Yの符号が0のとき

定義から$X' = 1 + Xc$，$Y' = Ya$である．

$Z' = X' + Y' = 1 + Xc + Ya = 1 + (1 - Xa) + Ya$　（式5.4より）

$= Ya + 2 - Xa = 2 + Ya - Xa$　　(5.7)

・$Ya \geqq Xa$のとき，仮想桁が1となり仮の2が生じるが，$n+1$桁からあふれるのでこれを無視することができ，符号桁は0，数値部は$Ya - Xa$が答えとなる．

・$Ya < Xa$のとき，式（5.7）より

$Z' = X' + Y' = 1 + 1 - (Xa - Ya) = 1 + (Xa - Ya)c$

Z'の符号桁は1，数値部が（$Xa - Ya$）の2の補数である．し

たがって，Z' は負の数を示し，正しい結果になる．

④　X の符号が 1，Y の符号が 1 のとき

定義から $X' = 1 + Xc$，$Y' = 1 + Yc$ である．

$$Z' = X' + Y' = 1 + Xc + 1 + Yc = 2 + (1 - Xa) + (1 - Ya)$$
$$= 2 + 1 + (1 - (Xa + Ya))$$
$$= 2 + 1 - (Xa + Ya)c$$

$Xa + Ya$ が 1 以下ならば，2 は仮想桁なので無視できるため，符号部が 1，数値部が $Xa + Ya$ の 2 の補数 $(Xa + Ya)c$ となり，正しく負の数の結果が得られる．$Xa + Ya$ が 1 を超えるときはオーバフローとなる．符号桁が 0 になるので，$X' + Y'$ は正の数を表すことになり表現形式と合わない．いいかえると符号桁からの桁上げがあり，かつ符号桁への桁上げはないことを意味し，オーバフロー条件を示している．

(c) 加算器

基本的な加算器の構成を図 5.6 に示す．A31，A30・・・A00 は 32 ビットの被加算数を示す．B31，B30，・・・B00 は加算数を示す．S31, S30,・・・S00 は加算結果を示す．四角で囲った FA31 から FA00 は**全加算器**（**FA**）を示し，FA 間の結線は桁上げ C00 から C01，C01 から C02 を示し，最上位桁は C31 の出力を示す．全加算器の論理回路は図 5.6 の上部に記述されている．EX は 3 入力の**排他的論理和**を示す．

全加算器：
full adder

排他的論理和：
exclusive OR

加算では，最下位ビットへの桁上げ入力は通常では不要ではあるが，負の数をつくるときに必要になる．図 5.7 に 2 の補数の減算器を示す．

減算信号（SUB）を 1 にすることにより，B の 2 の補数をつくり出す．つまり B31 から B00 まですべてのビットを反転し，最下位桁の Cin に 1 を入力して加算する．M31 の内部回路は B31 と SUB の排他的論理和で構成され，M31 と同じ回路が M00 まで 32 個で構成される．このような加算器は桁上げ（**キャリ**）がひと桁ずつ伝播するので**リップルキャリ型加算器**と呼ばれる．

リップルキャリ型加算器：
ripple carry adder

加算器を高速化するには，最終桁まで到着するキャリの伝播速度を速める必要がある．そのためには並列回路を構成することによりキャリの伝播段数を小さくする．この回路はキャリの先読みという

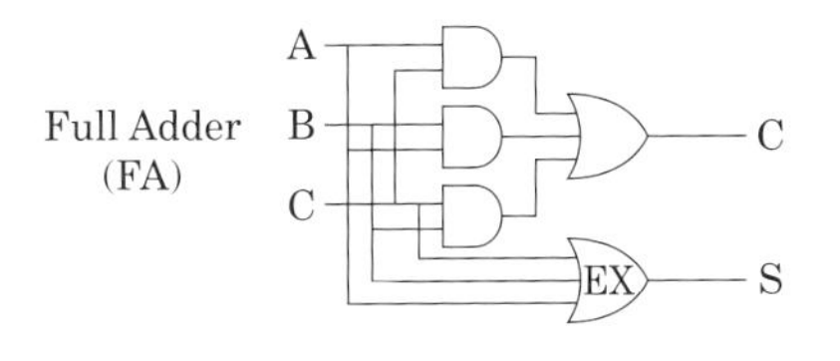

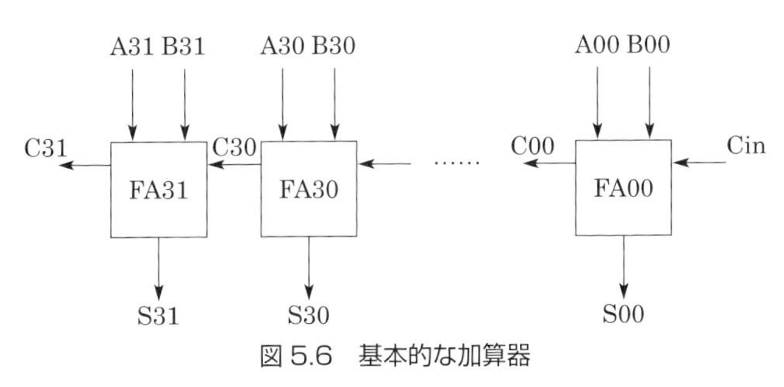

図 5.6　基本的な加算器

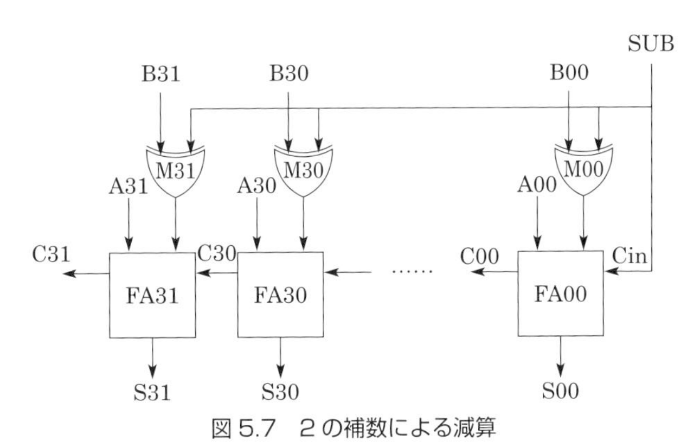

図 5.7　2 の補数による減算

キャリルックアヘッド：carry look-ahead

意味で**キャリルックアヘッド回路**という．この回路をもった加算器を図 5.8 に示す．

加算器において i 桁から出るキャリを C_i とする．

$$C_i = A_iB_i + B_iC_{i-1} + C_{i-1}A_i = A_iB_i + (A_i + B_i)C_{i-1}$$

ここで G を Genarator，P を Propagator と呼び，$G_i = A_iB_i$，$P_i = A_i + B_i$ と置き換えると次のようになる．

$$\begin{aligned} C_i &= G_i + P_iC_{i-1} = G_i + P_i(G_{i-1} + P_{i-1}C_{i-2}) \\ &= G_i + P_iG_{i-1} + P_iP_{i-1}C_{i-2} \\ &= G_i + P_iG_{i-1} + P_iP_{i-1}G_{i-2} + P_iP_{i-1}\cdots G_0 \end{aligned}$$

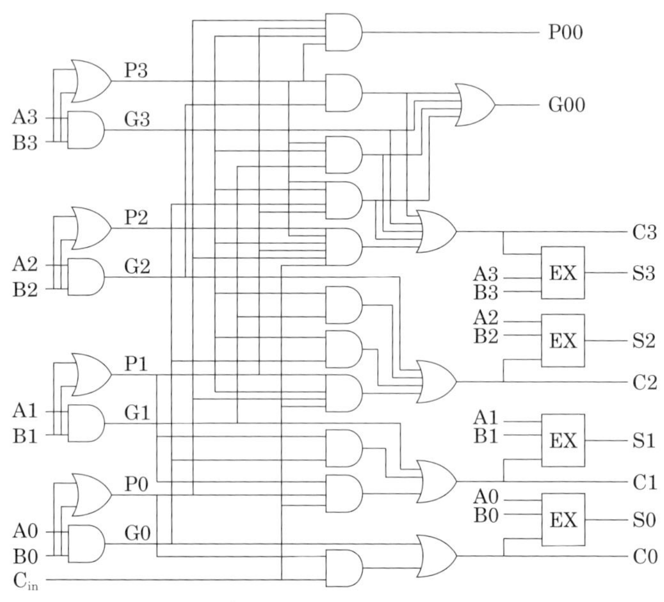

図 5.8　4ビットのキャリルックアヘッド加算器

$$+ P_i P_{i-1} P_{i-2} \cdots P_0 C_{in}$$

上記の式を AND，OR で実現すると，原理的には2段の論理回路で実現できる．しかし32ビットの演算器にこれを適用するためには，32ビットの AND 回路が必要となるが，回路の入出力制限などがあって実現するのは困難である．したがって，例えば4ビットや8ビットのグループに区切れば，入出力制限に応じたキャリルックアヘッド回路を構成できる．図5.8ではこの4ビットグループの G を G00，P を P00 と表している．EX は加算結果をつくるための3入力の排他的論理和回路である．最下位ビットへのキャリを C_{in} としている．

$$G00 = G3 + P3G2 + P3P2G1 + P3P2P1G0$$

$$P00 = P3P2P1P0$$

グループキャリルックアヘッド回路を2段積み重ねた16ビットの加算器を図5.9に示す．CLA0〜3は図5.8の回路を示し，CL は図5.8から EX を除いた回路である．最下位桁へのキャリ Cin が CLA0，CL へ入力され，それぞれの CLA0〜3 でつくられた

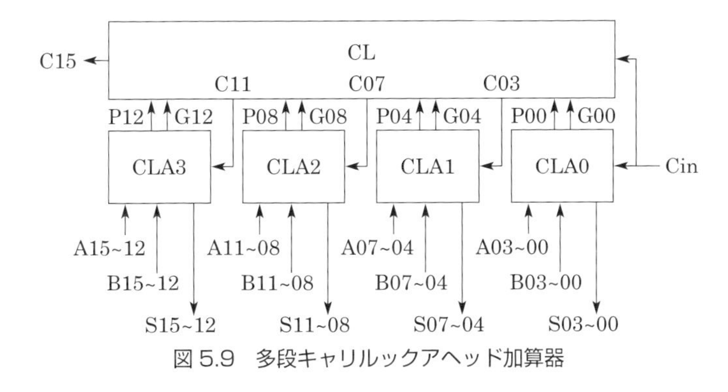

図 5.9　多段キャリルックアヘッド加算器

P00～12 および G00～12 が CL へ入る．CL からは 3 つのグループへ入るキャリ（C03，C07，C11）がつくられ，CLA0～3 に入る．CL から出てくる**グループキャリ**（C15）は加算器全体のキャリを示し，オーバフローの検出などに使われる．リップルキャリ回路では全加算器を直列に構成するのに比べ，キャリルックアヘッド回路ではキャリの伝播論理回路段数を少なくすることができ，加算器の速度向上を図ることができる．**ファンイン**，**ファンアウト**など回路の制限上，図示したものより多くの段数が掛かることが多い．

ファンイン：fan-in

ファンアウト：fan-out

CL から出てくる桁上げはそれぞれ次のようになる．

$$C03 = G00 + P00Cin$$

$$C07 = G04 + P04G00 + P04P00Cin$$

$$C11 = G08 + P08G04 + P08P04G00 + P08P04P00Cin$$

$$C15 = G12 + P12G08 + P12P08G04 + P12P08P04G00 + P12P08P04P00Cin$$

さらにビット数が大きい加算器では，グループキャリルックアヘッド回路を多段に積み重ねて構成することができる．例えば 64 ビットの加算器をつくるには，3 段重ねのグループキャリルックアヘッド回路が必要である．

2. シフト演算

シフト：shift

シフト演算とは，指定したビット数だけ桁移動をさせる演算である．シフト方向として，左および右シフトがある．

(a) 算術シフト

最上位数値桁 MSB に特別な考慮が必要である．数値表現が正常であれば，1ビットの左シフトでは数 X は $2X$，右シフトの場合は X/2 となる．

① **絶対値表現**

符号桁はそのまま保持する．数値桁のみシフトする．

- 右シフトの場合には MSB 桁にゼロを詰め，シフト回数までこれを続ける．
- 左シフトの場合には LSB 桁にゼロを詰め，シフト回数までこれを繰り返すが，MSB 桁からの 1 があふれる場合はオーバフローである．

② **2の補数表現**

符号桁を含めてシフトする．

- 右シフトの場合は MSB に符号桁と同じ値を詰め込み，シフト回数だけこれを続ける．
- 左シフトの場合は LSB にゼロを詰め込んで，シフト回数だけこれを続ける．符合桁が反転するとオーバフローである．

負の数でも左 1 ビットシフトが 2 倍，右 1 ビットシフトが 1/2 倍になることを証明する．多数ビットシフトはこれらの繰返しである．

左シフトの場合 X は負の数，シフト結果の数を Z とする．

X の数値桁を Xc とすれば，$Xa+Xc=1$，$Za+Zc=1$ であり，$Zc=2Xc-1$ となる．

$$\overline{Z}=-1+Zc=-1+(2Xc-1)=-1+(2(1-Xa)-1)=-2Xa$$

右シフトでは $Zc=\frac{1}{2}(Xc+1)$ となる．

$$\overline{Z}=-1+Zc=-1+\frac{1}{2}((1-Xa)+1)=-Xa/2$$

(b) 論理シフト

論理シフトでは単純に右，左シフトを論理値として実行する．通常ではゼロを左右から詰め込むだけである．

さらに最右桁と最左桁を連結して，循環させるシフト方法があり，これを**循環シフト**という．

(c) シフト演算器

シフト演算では，1サイクルに1ビットずつ順番にシフトして，シフト数だけ繰り返せばよい．図5.10 (a) に4ビットのシフトレジスタを示す．一方，高速化のために多数ビットシフトを1サイクルで実行するには多段のシフタを利用する．8ビットの数のシフタを図5.10 (b) に示す．

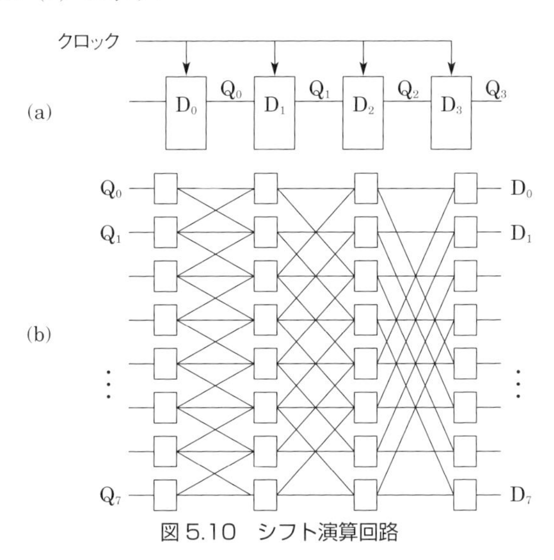

図5.10　シフト演算回路

四角形は3入力選択3出力回路を示す．1段目は1ビット左右シフトとシフトなしデータを選択することができる．2段目は2ビット左右シフトとシフトなしデータを選択する．これを繰り返すと，任意のビットのシフトを高速に実行することができる．回路の組み方によって，各段で左右1，2ビットとシフトなしの5ビットを選択して論理回路の段数を減らすこともでき，さらに高速化できる．

MSBには右シフト演算用に符号の伝播を行う回路が必要になる．

3. 乗　算

(a) 絶対値表現

結果の符号は2つの数の符号が一致する場合には正，異なる場合には負とする．以下では数値桁部の乗算について記述する．

$Z=X*Y$ とする.

$Z=XaY_{-1}2^{-1}+XaY_{-2}2^{-2}+\cdots\cdots+XaY_{-n}2^{-n}$

2進数絶対値表現の乗算は中間結果 P を最初に0とし，次のように行う

① 乗数の最下位ビット（LSBまたは下記 $Y_{-(n-s+1)}$）の値0/1に従って，1のときは被乗数を中間結果に加え，0の時は何もしない（0を加える）.

② 中間結果と乗数を1ビット右シフトする.

③ 数値の長さまで①，②を繰り返す.

$P_s=2^{-1}(P_{s-1}+XaY_{-(n-s+1)})$　　（ただし $P_1=2^{-1}XaY_{-n}$，$S=1\sim n$）

乗算結果は被乗数と乗数の数値桁数の和の数値桁数となる.

上記の逐次方式では乗数の数値桁数回のシフト，加算が必要となる．**乗算の高速化**を図るには次のような方法がある.

① 加算の省略：乗数のLSBの0を検出して被乗数のシフトのみを行う．加算より速い.

② 多数ビットシフト：乗数の下位部で連続する0のビット数を数え，多数ビットシフタで被乗数を高速にシフトする.

③ 加減算併用：乗数の下位部の1が連続しているときその上位加算と下位減算の2回の演算ですませる．1111＝10000－00001であるので4ビット左シフトした被乗数を加算し，シフトしない被乗数を減算する．4回の加減算が2回に減る.

④ 固定長桁移動：乗数を m ビットに分割し，m ビットの数値に応じて定数倍の被乗数を加算する．$m=2$ では1，2，3倍の数値がつくられていればシフト回数を1/2にすることができ，高速化できる.

(b) 2の補数表現

2の補数表現を絶対値表現に変換し，乗算を行ったあと，結果が負の場合は2の補数に戻すのが簡便な方法である.

以下では直接2の補数による乗算方式を示す.

$Z=X^*Y$ とする.

$Y=-Y_0+Y_{-1}2^{-1}+Y_{-2}2^{-2}+\cdots\cdots+Y_{-n}2^{-n}$

$Z=-XY_0+XY_{-1}2^{-1}+XY_{-2}2^{-2}+\cdots\cdots+XY_{-n}2^{-n}$

部分積XY_{-i}を加算するとき，Xの符号桁をi桁Xの上位に拡張して中間結果に加える．Yの符号が1のときは中間結果を加算後，Xを引く（$-X$を加算）．

2の補数演算が可能な**Boothの方法**を示す．乗数の中の1の連続，例えば1111を10000−0001として演算する加減算組合せ法である．ここでは1ビットずつの演算を行う．乗数のY_{-i}と$Y_{-(i+1)}$の組が（01）なら，乗数を1としてXを部分累積和に加える．（10）なら，−1として$-X$（Xの補数）を加える．（01）は1の連続が終わる時点，（10）は1の連続が始まる時点と考え，それぞれ乗数を1，−1とする．（00）と（11）のときは乗数が0または1の連続の中間として何も加えない．

$Y_{-(n+1)}=0$とし，Yの最下位ビットY_{-n}から始め，1ビットずつ右シフトと加減算を繰り返しながら，符合桁までの部分累積の加算を繰り返す．

リコード：recode

このような数値コードの変換を**リコード**ということがある．

（c）乗算器

以下では絶対値表現の数値部を示す．

① 加算器とシフタ

加算器とシフト演算器の組合せで乗算を行う．

② **桁上げ保存加算器**（キャリセーブアダー）

キャリセーブアダー：Carry Save Adder

C，S：Carry，Sum

各桁に3入力の全加算器を配置して，必要なビット数の加算器を構成する．これを**キャリセーブアダー（CSA）**という．この要素回路は，実は図5.6で述べた全加算器（FA）である．3入力データに対して，その結果は2つの出力（**C，S**）になる．結果的にはコード変換器である．ただしCを次の段に投入するときはひと桁上の桁に入力する．こうするとキャリセーブアダーを1段通過するたびに入力数が1つずつ減る．乗算における桁シフトした多数の被乗数をCSAによって多重に加算を行う．この方式は提案者に因んで**Wallace Tree**と呼ばれる．

図5.11には8ビットのA，B，という被乗数，乗数を入力し，これらの乗算結果ZをCSAによって求める．小文字のb_0～b_7はBの各ビットを示す．8入力を加算する場合，2出力に落とすためには6個のCSAが必要であり，最終段の2つの出力を

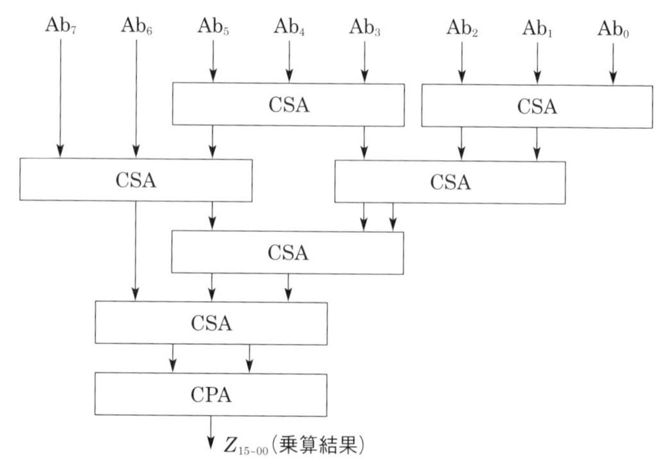

図5.11　キャリセーブアダーによるWallace Tree乗算器

キャリプロパゲートアダー：Carry Propagate Adder

桁上げ伝播加算器（**キャリプロパゲートアダー**：**CPA**）で加算すれば最終結果が得られる．CPAは通常の2入力1出力の加算器である．最終結果は16ビットになる．

③　配列型乗算器

上記のキャリセーブアダーCSAを配列状に並べキャリプロ

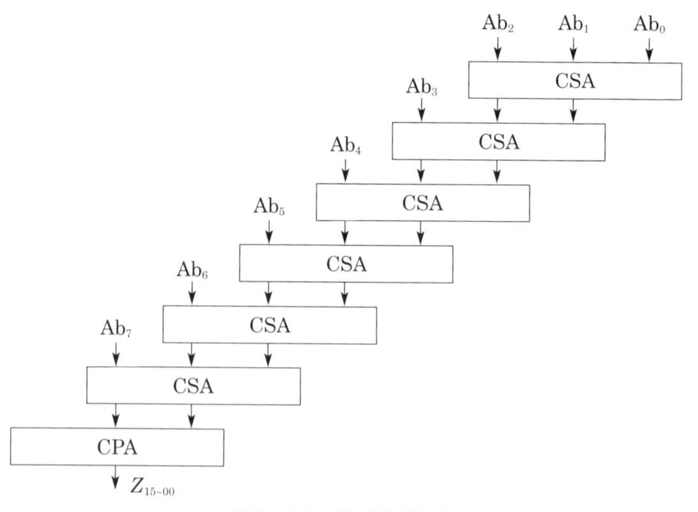

図5.12　配列型乗算器

パゲートアダー CPA で最終結果を求める．図 5.11 に比べて LSI 向きの規則的な構成である．これを図 5.12 に示す．この乗算器も 8 ビット入力データを乗算し，最終結果は 16 ビットになる．

実際の計算機に実装される乗算器では，上記の方式を組み合わせた方式を採用している．キャリセーブアダーを実装した IBM360/91 では Wallace Tree を用いて，バイトごとの繰返し演算を実行して高速化を行っている．

4. 除　算

引戻し法：restoring method

(a) 引戻し法

絶対値表現において，$2n+1$ 桁の被除数のうち $2n$ 桁の数値部を X とし，$n+1$ 桁の除数と商のうち n 桁の数値部を Y，Q とする．最終的な剰余を R とすれば，次の式が成り立つ．ただし $R<Y$.

$$X=QY+R \tag{5.8}$$

通常の割算を行うときと同じように中間的な部分剰余を R_i とする．$X<Y$ が成立しないとオーバフローとなる．初期部分剰余を $R_0=X$ と置く．次に R_0 を 2 倍（左シフト）して Y を引き，これを R_1 とする．Q_i を Q の i 桁の数字とする．これを $i=0$～（$n-1$）に対して繰り返す．

$$R_{i+1}=2R_i-Q_{i+1}Y \tag{5.9}$$

この R_{i+1} が正または 0 ならば Q_{i+1} に 1 を立てる（Q_{i+1} は 1 ビットの値）．負ならば Y を加えて元に戻し，$2R_i$ を R_{i+1} として商 Q_{i+1} に 0 を立てる．このように部分剰余が負になれば加算して元に戻し，部分剰余が正になるようにシフト，減算を繰り返す．これを**引戻し法**という．商 Q は符号 Q_0 につなげて小数部 $Q_1Q_2\cdots\cdots Q_n$ で表される．Q_0 は X，Y が同符号なら 0，異符号なら 1 である．$R=R_n 2^{-n}$ が剰余になる．

引放し法：non-restoring method

(b) 引放し法

上記の部分剰余の引き戻しを行わない方法である．部分剰余は負の場合を許す，つまり引いたままで元に戻さないので**引放し法**と呼ぶ．これは 2 の補数表現に向いた方式である．X は符号桁と数値部 $2n$ 桁の $2n+1$ 桁の数，Y，Q，R は符号桁と数値部 n 桁の $n+1$ 桁の数とする．

$R_0=X$ とする．$|X|<|Y|$ とし，これを満たさないとオーバフローとする．次式において

$$R_{i+1}=2R_i-Q_{i+1}Y \tag{5.10}$$

R_i と Y が同符号のとき，$Q_{i+1}=1$，異符号のとき $Q_{i+1}=\bar{1}$ とする．ただし，$\bar{1}$ はその桁での -1 を表す．商は 1 と $\bar{1}$ が混在する形となる．このとき，商の符号桁の次の桁（MSB）が $\bar{1}$ のときは補正が必要である．例えば，求めた商が $0\bar{1}\bar{1}111$ であれば，符号桁を $\bar{1}$ にして，$\bar{1}01111$ とする．これは 2 進表示では 101111 となる．剰余 R は $R=R_n2^{-n}$ である．また剰余の符号は一定しない．

剰余 $R=R_n2^{-n}$ が $Y2^{-n}$ より小さいことは次のように帰納法により証明される．

$|R_{i-1}|<|Y|$ とすれば

$R_i=2R_{i-1}\pm Y$　（R_{i-1} と Y が異符号なら＋，同符号なら－）

$R_i^2-Y^2=4R_{i-1}^2(1\pm Y/R_{i-1})<0$

除算命令仕様によって，商と同符号とするような場合は，さらに剰余の補正が必要となる．

(c) 収束法

除算器を作らずに高速乗算器と加算器によって，除算を実行する機械も多い．ある関数を用いて繰り返し収束計算をすることにより商を求める．

ニュートン法：Newton method

① ニュートン法

関数 $f(X)$ の微分をとり，初期値 X_0 に対する関数の接線と X 軸の交点を X_1 とすれば

$$X_1=X_0-\frac{f(X_0)}{f'(X_0)} \qquad X_{i+1}=X_i-\frac{f(X_i)}{f'(X_i)}$$

$f(X)=\dfrac{1}{X}-D$ とすれば，$X_{i+1}=X_i-\dfrac{f(X_i)}{f'(X_i)}=X_i(2-DX_i)$

ここで，X_0 として適切な数をとることができれば，漸化式の収束率を上げることができ，演算回数を少なくして高速演算が可能となる．適切な数 X_0 の選択はハードウェア内に実装した数値表を用いる．

ゴールドシュミット法：
Goldschmidt method

② **ゴールドシュミット法**

次の式の分子，分母に同じ数を掛けても式は成り立つ．

$$\frac{1}{D}=\frac{1R_0R_1\cdots R_n}{DR_0R_1\cdots R_n}$$

もしも $DR_0R_1\cdots\cdots R_n\to 1$ が成立すれば，$R_0R_1\cdots\cdots R_n\to\frac{1}{D}$ となる．

$$D=1-\delta,\ 0<\delta\leq\frac{1}{2}$$

とする．

$$\frac{1}{1-\delta}=\frac{(1+\delta)(1+\delta^2)\cdots(1+\delta^{2^n})}{(1-\delta)(1+\delta)(1+\delta^2)\cdots(1+\delta^{2^n})}$$

$$=\frac{(1+\delta)(1+\delta^2)\cdots(1+\delta^{2^n})}{1-\delta^{2^{n+1}}}$$

分母の数値部として1になるように $\delta^{2^{n+1}}$ が十分小さければよい．最終的な商は $1/D$ と X の積である．

$$Q=X/Y=X/D$$

収束を加速するために，できるだけ δ を小さくして，正確な D の近似値を数表によって求めることがある．

収束方式で求めた商の丸めや剰余に対して正確ではない場合もあるので，後で補正が必要になることがある．

以上のような収束法は指数（e^x）や平方根（$\sqrt{x}$）を求めるときにも利用することができる．

(d) 除算器

① 引戻し法と引放し法

引戻し法と引放し法では加減算器とシフタを組み合わせて除算を行う．

② ニュートン法

ニュートン法では乗算器と加減算器と使う．さらに収束を加速するために，数表を併せて使う．

③ ゴールドシュミット法

ゴールドシュミット法では乗算器を使う．収束加速のために数表を併せて使う．

5. 論理演算

AND，OR，NAND，NOR，EXORなどの**論理演算**を実行するとき，レジスタの語の長さ分（32ビット）一度に演算を実行することがある．さらに1の値をもつビットの数をカウントする命令をもつことも多い．論理演算は条件処理，各種の編集演算などに使われる．論理演算器は固定小数点演算器に組み込まれることが普通であり，**ALU**と呼ばれる．

ALU：
Arithmetic and Logic Unit

6. 浮動小数点四則演算

IEEE形式の浮動小数点演算は正規化数，非正規化数，無限大，非数を扱う必要がある．通常では正規化数を扱うが，演算が定義できないときや演算の途中で正規化数でない数が生じる場合がある．これらを**例外**といい，次の5つが定義されている．無効な演算，ゼロによる除算，オーバフロー，アンダフロー，不正確である．さらにそれぞれに**割込み**（または**トラップ**）の有効，無効を指示することができる．演算ごとに例外発生条件がそれぞれ定義されている．割込み無効モードではあらかじめ定義された数値（デフォルト値）が演算結果に入る．割込み有効モードでは命令の実行は正常に完了しないことがある．

(a) 加減算

2つの浮動小数点数$m_1 2^{e_1}$，$m_2 2^{e_2}$の加算を行う．

$e_1 \geq e_2$として$e_1 - e_2$を計算して指数差を求める．m_2の桁合せをするために，m_2を右に指数差分シフトすることにより$m_2 2^{-(e_1-e_2)}$とする．m_1と$m_2 2^{-(e_1-e_2)}$の加減算をする．この結果の正規化を行う．すなわち仮数部がオーバフローしたら右に1ビットシフトして指数に1を加える．仮数部が非正規化数になるときは正規化表現（1.Fの形）になるまで左シフトして，指数からシフト数を引く．演算途中で指数が最小値になり正規化ができなくなると，結果を非正規化数とする．非正規化数は**段階的アンダフロー**と呼ばれ，割込み禁止モードではそのまま演算結果とする．この非正規化数をさらに使用して計算を続行することができるのがIEEE形式の長所である．

段階的アンダフロー：
gradual underflow

(b) 乗　算

$$m_1 2^{e_1} \cdot m_2 2^{e_2} = m_1 \cdot m_2 2^{e_1 - e_2}$$

指数部の加算を行い，仮数部の乗算を行う．必要な場合は最後に正規化のためのシフトを行う．

(c) 除　算

$$\frac{m_1 2^{e_1}}{m_2 2^{e_2}} = \frac{m_1}{m_2} 2^{e_1 - e_2}$$

指数部の減算を行い，仮数部の除算を行う．除数が0のときは0による除算例外となる．

丸め：
round（演算を実行中に桁数が増える場合があり，最終結果を求めるときに桁数に収めるように補正すること．）

(d) 丸　め

IEEE 形式の浮動小数点演算では次の4つの**丸め**動作を指定できる．

① ＋∞方向への切上げ

② −∞方向への切上げ

③ 0に近づける切下げ

④ 最も近い数（四捨五入）

ガードビット：
guard bit（丸め演算を正確に行うことができるように演算器にもたなければならない余分のビット．基数が増えれば数ビット必要である．）

丸めビット：
round bit

スティッキービット：
sticky bit

丸めの操作が正しくできるように，**ガードビット**が定義されている．ガードビットとは，加算時の指数差分の仮数部シフトなど演算途中でLSBよりも演算数値が右に桁あふれする場合，演算器にもたせる余分の中間数値保持用のビットのことをいう．さらに丸め操作には正規化用の**丸めビット**と，計算途中の下位ビットの論理和をとった**スティッキービット**が必要となる．丸め動作に従ってこれら3ビットの情報によってLSBへの切上げ切捨てを操作する．加減算，乗除算，平方根演算乗除算，2進10進変換では正確な丸め操作が定義されている

5.3　基本的なプロセッサの構成

1. フォン・ノイマン方式

電子計算機の基本動作原理は**フォン・ノイマン方式**と呼ばれており，以下のような特徴をもつ．現在の計算機は特殊な機械を除いてほとんどがこの基本方式を採用している．

プログラム内蔵方式：
stored program

① **プログラム内蔵方式**：命令とデータを同一の主記憶内に置

く.

② **線形主記憶**：主記憶は番地を指定して，その場所に情報を読み出し，書き込む.

③ **命令の逐次実行方式**：プログラムカウンタによって指定される主記憶上の番地にある命令を読み出して実行する．命令の終了後に，プログラムカウンタに1を加え次の番地の命令を読み出す.

④ **低機能命令**：主記憶へのデータの読み，書きを行う命令や，レジスタ間での演算を実行する命令など，簡単な動作を行う命令をもつ.

⑤ **プログラムの流れの変更**：命令の一部によりつくられた主記憶アドレスをプログラムカウンタにセットする命令（分岐命令）をもつ．プログラムカウンタの内容によって次に実行する命令が主記憶から読み出され，プログラムの流れを変えることができる.

⑥ 入出力装置を制御して，情報を送受する.

Column　フォン・ノイマンによる電子計算機の構想メモ

現在の電子計算機の基本動作原理は**フォン・ノイマン方式**に基づいている．しかし，その内容はペンシルバニア大学のムーア校で設計開発された **EDVAC**（Electronic Discrete Variable Computer）についての First Draft という手書きのメモに記述されているに過ぎない．でき上がった EDVAC は彼の構想とは異なったのものとなった．彼の構想の基本的概念を実現した計算機は，ケンブリッジ大学の **EDSAC**（Electronic Delay Storage Automatic Calculator）であった．計算機の黎明期にはフォン・ノイマン方式も多くのアイデアの中の1つであった．その後，数多くの機械が開発され，その中から選択され，結果的にはフォン・ノイマン方式が現在の電子計算機の基本原理になっているが，数多くの人たちの研究と努力が電子計算機の基本原理の構築に寄与した.

2. データパス

データパス：data path

データパスとは，プロセッサを構成するモジュールと，その間の接続を表すものであり，処理される命令やデータはその上を流れる．基本的なプロセッサのデータパスを図5.13に示す.

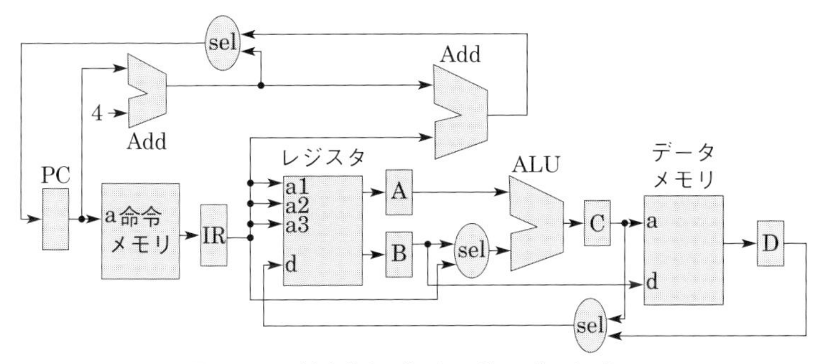

図 5.13　基本的なプロセッサのデータパス

図 5.13 に示されているプロセッサを構成するモジュールには，以下のものがある．

- 命令メモリとデータメモリ：本項では，主記憶を命令を格納するモジュールとデータを格納するモジュールの 2 つに分ける．命令メモリは，a 端子からアドレスが入力され，読み出された結果が IR に格納される．データメモリは，a 端子からアドレスが入力され，読出しの場合は結果が D レジスタに格納され，書込みの場合は d 端子から値が入力される．
- ALU：演算を行うモジュール．2 入力 1 出力である．
- Add：次のアドレス計算用の加算器（左）と分岐先アドレス計算用の加算器（右）の 2 つを備える．
- レジスタファイル：32 個のレジスタからなり，1 命令で 3 個（読出し用 2 個と書込み用 1 個）まで指定でき，同時に読み書きできる．レジスタアドレスは，a1 端子（読出し），a2 端子（読出し），a3 端子（書込み）で指定し，書込みデータは d 端子から入力する．
- PC（**プログラムカウンタ**）：次に実行する命令のアドレスを保持する．
- IR（**命令レジスタ**）：実行中の命令を保持する．
- A レジスタ：命令の RS フィールドで指定されたレジスタの値を保持する．
- B レジスタ：命令の RT フィールドで指定されたレジスタの値を保持する．

・C レジスタ：ALU 演算の結果を保持する．
・D レジスタ：データメモリから読み出した値を保持する．
・sel：制御信号により，2 入力のいずれかを選択して出力する．

それぞれの命令は，図 5.13 のデータパス中の決められた経路を通って処理され，命令により，その経路は異なる．ここでは，演算命令，ロード命令，ストア命令，条件分岐命令の実行において，どのような経路を通って処理されるかについて説明する．

(a) 演算命令

演算命令の処理の流れを図 5.14 に示す．

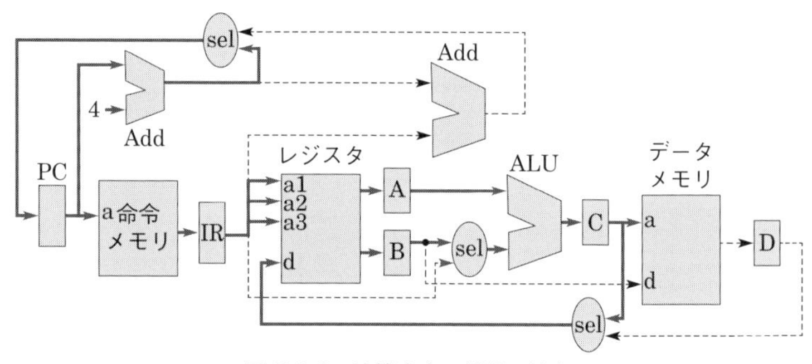

図 5.14　演算命令の処理の流れ

演算命令は，以下のように実行される．

命令フェッチ：instruction fetch（命令をメモリから取り出す．）

① **命令フェッチ**：PC の値をアドレスとして命令メモより命令を読み出し，IR に設定する．また，引き続く命令を実行するため，PC を**インクリメント**する．

インクリメント：ここでは命令が 4 バイトなので 4 を加える．

② **命令デコード**：IR のソースオペランドに相当する RS，RT フィールドをレジスタファイルのアドレス入力端子 a1，a2 に送り，対応するレジスタの値を読み出して，A，B レジスタに設定する．

命令デコード：instruction decode（命令を解読する．）

③ 演算の実行：A，B レジスタを用いて ALU で演算を行い，結果を C レジスタに設定する．

ライトバック：write back（書き戻す．）

④ 結果の**ライトバック**：C レジスタに格納されている値をレジスタファイルのデータ入力端子 d に送る．また，IR の RD フィールドをレジスタファイルのアドレス入力端子 a3 に送り，対応するレジスタに書き込む．

(b) ロード命令

ロード命令の処理の流れを図 5.15 に示す.

ロード命令は以下のように実行される.

① 命令フェッチ：演算命令と同じ.

② 命令デコード：IR のソースオペランドに相当する RS フィールドをレジスタファイルのアドレス入力端子 a1 に送り，対応するレジスタの値を読み出して，A レジスタに設定する.

③ アドレス計算：ロード命令では，まずデータメモリのアドレス計算を行う．これは，A レジスタに格納された値と IR のオフセットフィールドの値を ALU で加算し，結果を C レジスタに格納する.

④ メモリアクセス：C レジスタの値をアドレスとしてデータメモリを読み出し，結果を D レジスタに格納する.

⑤ 結果のライトバック：D レジスタに格納されている値をレジスタファイルのデータ入力端子 d に送る．このとき，IR 内の RT フィールドをアドレスとして a3 端子に送り，対応するレジスタに書き込む.

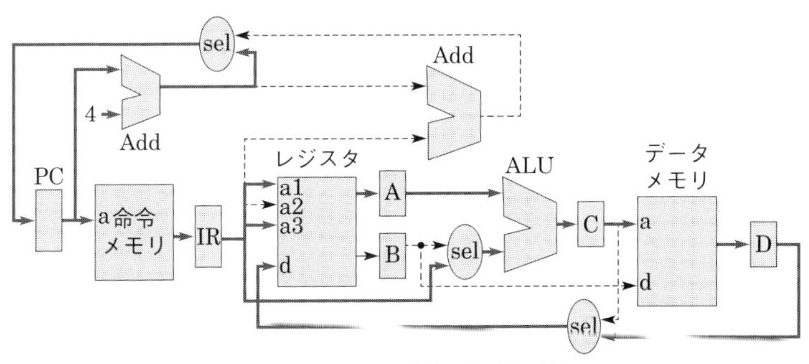

図 5.15　ロード命令の処理の流れ

(c) ストア命令

ストア命令の処理の流れを図 5.16 に示す.

① 命令フェッチ：演算命令と同じ.

② 命令デコード：演算命令と同様にレジスタを読み出し，A，B レジスタに設定する.

③ アドレス計算：ロード命令と同様に，まず ALU でデータメ

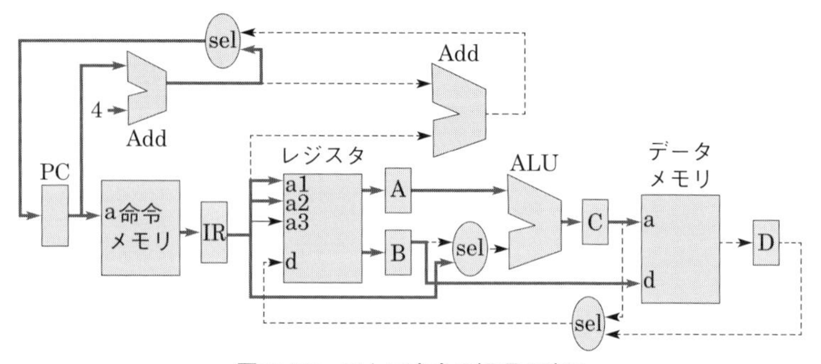

図 5.16　ストア命令の処理の流れ

モリのアドレス計算を行い，結果を C レジスタに格納する．

④　メモリアクセス：C レジスタの値をアドレスとしてデータメモリの a 端子に送り，B レジスタの内容をデータメモリの d 端子に送ってデータメモリに書き込む．

(d) 条件分岐命令

条件分岐命令（BEQ）の処理の流れを図 5.17 に示す．

①　命令フェッチ：演算命令と同じ．

②　命令デコード：演算命令と同様にレジスタを読み出し，A, B レジスタに設定する．

③　条件比較の実行：A, B レジスタの値を比較し，その結果に応じて分岐先アドレスあるいは PC＋4 のいずれかを選択し，PC に送る．なお，分岐先アドレスは PC＋4 に IR のオフセットを加算したものである．

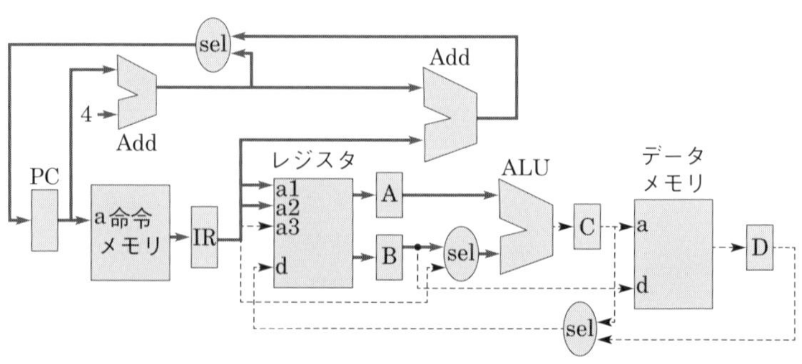

図 5.17　条件分岐命令の処理の流れ

3. 制御回路

データパス上のモジュールが前項のような動作を行うには，制御信号が必要である．メモリやレジスタの書込み信号，ALU の演算の指定，セレクタの選択信号などが**制御信号**である．制御回路は，データパス上の各モジュールの動作に必要な制御信号を作成する．

状態遷移図：state transition diagram（状態をノードで表し，状態の遷移をリンクで表す．）

制御回路の動作は，図 5.18 に示すような**状態遷移図**によって表される．状態遷移図の各状態において必要な制御信号が発行される．

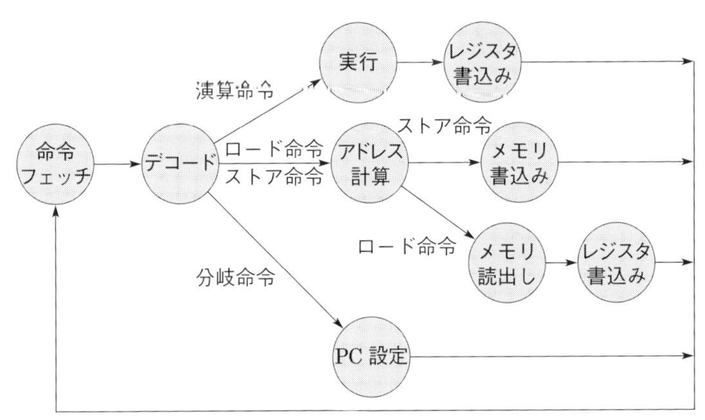

図 5.18 制御回路の状態遷移図

図 5.18 は，演算命令，ロード命令，ストア命令，分岐命令についての状態遷移図である．クロックごとに状態が遷移し，各ノードで必要な制御信号が生成され，データパス上のモジュールに送出される．なお，状態遷移図のノード数が少ないほど回路は簡単になるので，できるだけ状態を共通化する．

プロセッサの動作は命令フェッチから始まる．次に読み出した命令のデコードを行う．この 2 つはすべての命令に共通とする．以降は命令ごとに異なる．これは命令レジスタの命令コードをデコードすることにより識別できる．1 つの命令が終了すると，次の命令のフェッチに遷移する．これにより命令を繰り返して処理することができる．

図 5.18 より，演算命令は 4 クロック，ロード命令は 5 クロック，ストア命令は 4 クロック，分岐命令は 3 クロックで実行されることがわかる．この状態遷移図は，図 5.19 のように回路図で表せる．

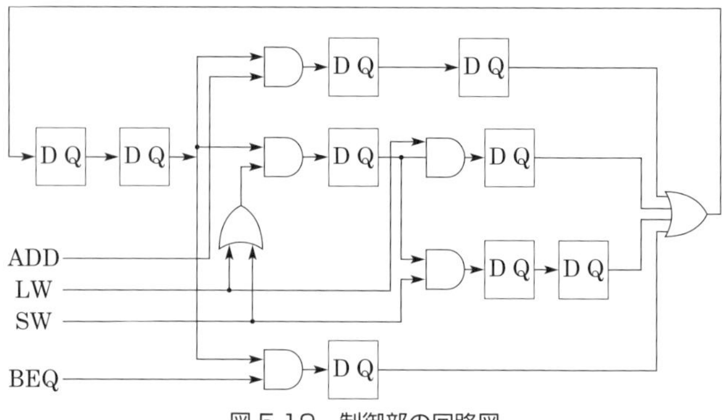

図 5.19　制御部の回路図

図において，ADD，LW，SW，BEQ は命令レジスタ（IR）をデコードすることにより得られる．図 5.18 の状態遷移図の各状態が D-FF により実現されており，走行中はいずれかの FF が 1 となり，その出力から制御信号が生成される．

演習問題

問 1　次の符号付き整数の 2 の補数を示せ．

01110010

問 2　次の符号付き 2 の補数表示の 2 進整数を加算せよ．
さらにオーバフローの有無を判定せよ．

① 10011001，00101111

② 10110011，10001111

問 3　次の符号付き 2 進小数を算術シフトにより右，左 2 ビットシフトした結果を示せ．

1.0110001

問 4　次の符号付き 2 の補数表示小数を乗算し，結果を示せ．

被乗数 X　1.0110010，乗数 Y　1.1100001

問 5　被除数 0.01001111，除数 0.1110 を引戻し法で除算し，商と剰余を求めよ．

問 6　浮動小数点乗算の仮数部の演算に図 5.11 を用いたときの実行タイムチャートを示せ．ただし木構造の CSA と CPA がそれぞれ 1 クロックで実行可能とする．

問 7　図 5.13 のデータパス上で，ADDI 命令の処理の流れを示せ．

問 8　図 5.18 の状態遷移図に無条件分岐命令を加えた図を作成せよ．

第6章 パイプライン アーキテクチャ

パイプラインとは円筒状の管の中を入口から物を入れて，出口まで連続的に通過させ，出口から連続的に出力を取り出す通路のことをいう．いわばトコロテン式の輸送経路である．計算機ではパイプラインに例えることができる連続的な処理を行って処理効率を上げる．ここでは，データパイプラインと命令パイプラインについて述べ，命令パイプラインの流れを妨げる要因と，その解決策について説明する．

6.1 パイプラインとは

パイプライン
pipeline

図6.1の上の円筒形を**パイプライン**という．例えば石油のパイプラインでは石油の液体が左の入り口から，間断なく流れ込んでくる．液体はパイプラインの中を通過し，右の出口から出て行く．

これをデータに置き換えると，データ1, 2, 3, …, Nがパイプラインに投入され，同じく出口から出て行く．このような流れ作業を時間の流れで表すと，図6.1の下半分に示すようになる．図では5段のステージがある．計算機ではこの各ステージを順番に流れていく．

計算機のパイプラインでは，それぞれの**ステージ**でそれぞれの処

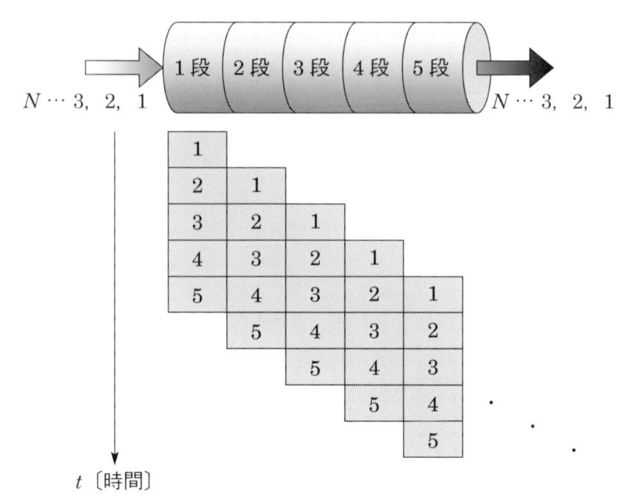

図 6.1　パイプライン方式

理が行われる．

クロック：
clock（計算機では電気パルス信号によって同期をとって全体を一律に動作させる．このパルス信号をクロックという．クロックからクロックまでの時間間隔をクロックサイクル時間ということもある．）

データ1は，1段目に入ると次の**クロック**には2段目に移る．さらに次のクロックで3段目に移る．以下5段目を経由して出力される．データ2はデータ1を各段で追いかけて，データ1の次のクロックで出力される．以下データ N まで繰り返される．

図6.2は，図6.1のパイプラインの動きを，流れるデータの視点から示したものである．横軸に時間をとることにより，それぞれのデータがパイプライン上をどのように流れるかを表している．

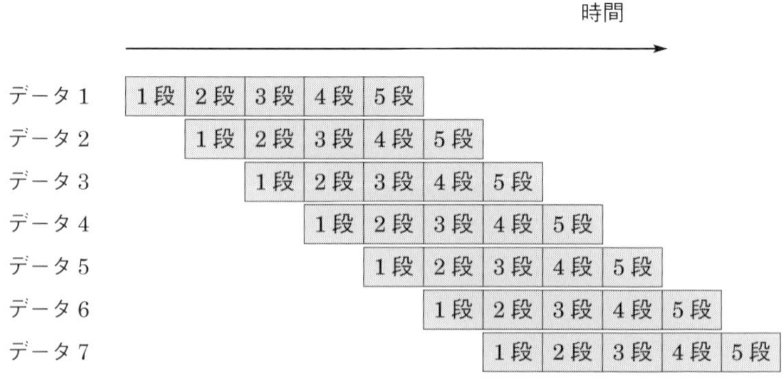

図 6.2　パイプライン方式（データの流れ）

6.2　データパイプライン

データパイプライン：
data pipeline

計算機では，データをパイプライン形式で処理することができる．異なるデータを次々にパイプラインへ投入し，1クロックで各ステージを処理していけば，高速実行が実現される．1クロックが**1ナノ秒**とすれば，**1GHz**の割合でデータが処理されて出力される．後に述べるベクトルプロセッサではこの原理が使われている．

ナノ秒：
nano second〔ns〕．(10^{-9} 秒のこと．)

1GHz：
Giga Hertz（1秒間に10^9回の動作を行う．）

データパイプラインでは，多数のデータをパイプライン処理することができる．異なるデータに対して同じ処理をする．連続データを間断なく供給できればよい．例えば浮動小数点加算器や浮動小数点乗算器をパイプライン構成にすることができる．

図6.3に浮動小数点加算パイプラインを示す．浮動小数点加算では桁合せのための指数差の計算，指数値が小さいデータの仮数部の右シフト，両仮数の加算，正規化のための左右シフト，指数の補正を実行する必要がある．これらを1クロックずつで実行すると5クロック必要である．それぞれの段階でレジスタを設置することにより，各段階に1つずつ別のデータを保持することができ，浮動小数点加算をパイプライン方式で実行することができる．

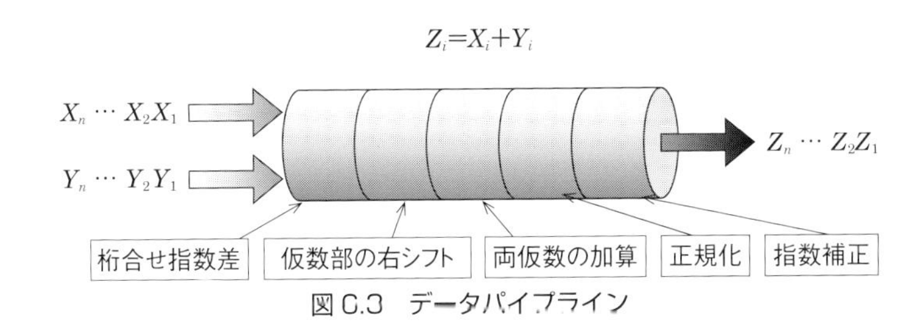

図6.3　データパイプライン

6.3　命令パイプライン

命令パイプライン：
instruction pipeline

計算機では命令のパイプライン処理が可能である．**制御装置**は命令の読出し，解読，データの読出しと演算器への転送，命令の実行管理と終了の制御，割込みの管理などを行う．前章ではこれらの制御を逐次的に行ったが，命令の高速実行のためには，パイプライン処理によって，多数命令を同時並行して処理することにより，単体命令あたりの処理時間を実効的に短縮する．命令1は各ステージを順次経由して処理を完了する．命令2は命令1を追いかけてすぐ次の時間で同様な動作を実行する．以降の命令も同様に先の命令を追随する．上記と同様に1クロックが1nsであれば，1GHzの割合で命令を実行することが可能である．

命令パイプラインを行うためには，各命令の実行をステージに分割し，流れ作業として行えるようにしなければならない．このとき，考慮する条件を以下に示す．

① 各ステージの処理時間はほぼ等しい．

② 各ステージで使用するリソースが競合しない．

パイプライン全体の処理時間は最も時間を要するステージの処理時間に律速されるため，①の条件は適切なステージ分割を行う必要があることを示す．また，各ステージで使用するリソースが競合するとパイプラインの流れが妨げられるため，②の条件が必要となる．

第5章で示したプロセッサのパイプライン化について説明する．取り上げる命令は，演算命令，ロード命令，ストア命令，条件分岐命令の4種である．

ここでは，以下のような5段のパイプラインとする．

・IF：命令を取り出す（Instruction Fetch）

・ID：レジスタを読み出す（Instruction Decode）

・EX：演算を実行する（EXecute）

・MA：データメモリにアクセスする（Memory Access）

・WB：レジスタに書き込む（Write Back）

図6.4は，命令パイプライン化されたプロセッサのデータパスを示す．各モジュールが動作するパイプラインステージを明確にすることにより，リソースの競合を避けている．また，各ステージ間のデータの受渡しのため，**パイプラインレジスタ**（IF/IDレジスタ，ID/EXレジスタ，EX/MAレジスタ，MA/WBレジスタ）を設置する．図5.13と比較して，レジスタA，B，C，Dがなくなっているが，これらはパイプラインレジスタとして統合されている．命令レジスタやPCも各ステージで使用されるため，パイプラインレジス

パイプラインレジスタ：
pipeline register

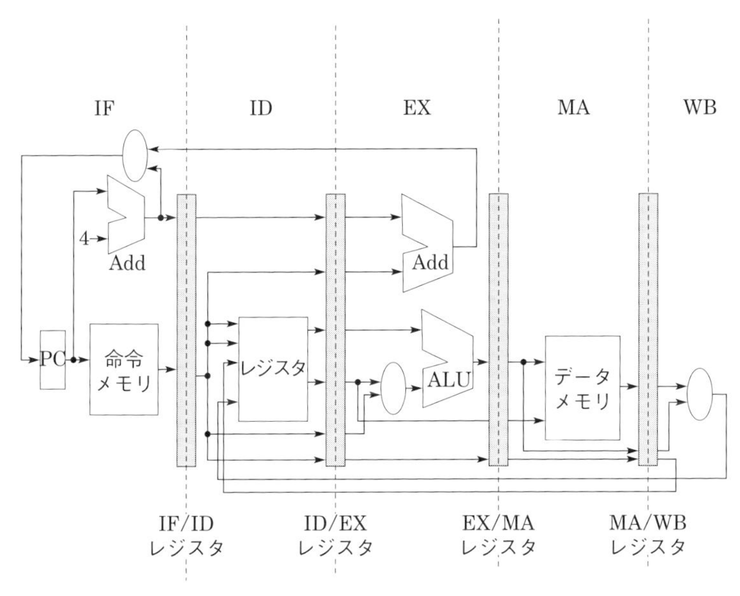

図 6.4 パイプラインプロセッサのデータパス

タの中に格納される．

図 6.4 のデータパスの上をどのようにパイプライン処理が流れていくのかを，演算命令，ロード命令，ストア命令，分岐命令の 4 種類の命令について説明する．

4 種類の命令について，各パイプラインステージにおける処理内容を表 6.1 に示す．各ステージで必要なデータは，左側のパイプラインレジスタより読み出し，処理結果は右側のパイプラインレジスタに書き込まれる．各命令の処理内容は第 5 章での説明と同一であるが，ステージ分割により各命令が使用するモジュールを統一したため，実行のタイミングは少し異なり，すべての命令の実行クロック数は 5 となる．また，命令によっては何も処理が行われないステージが存在する．ただし，後続するステージで必要なデータの転送は行わなければならない．例えば，演算命令の MA ステージでは処理は行われないが，WB ステージで必要となる RD フィールドの値や ALU の演算結果を MA/WB パイプラインレジスタに転送する必要がある．

表 6.1　各命令処理のステージ分割

	IF	ID	EX	MA	WB
演算命令	命令読出し PC <=PC+4	レジスタ読出し (RS, RT)	ALU 演算		レジスタ書込み（RD）
ロード命令	命令読出し PC <=PC+4	レジスタ読出し (RS, RT)	主記憶アドレス計算	メモリ読出し	レジスタ書込み（RT）
ストア命令	命令読出し PC <=PC+4	レジスタ読出し (RS, RT)	主記憶アドレス計算	メモリ書込み	
分岐命令	命令読出し PC <=PC+4	レジスタ読出し (RS, RT)	条件判定 分岐先アドレス計算 PC 書込み		

6.4　命令パイプラインの制御

ストール：stall

ハザード：hazard

データ依存：data dependency

前節で基本的な命令パイプライン制御を解説した．命令のパイプライン制御では命令動作すべての完了を待たずに，各パイプラインステージではそれぞれの次の命令の動作を実行する．ところが，命令アーキテクチャとしては論理的な逐次実行が前提であるので，パイプライン実行が逐次実行と異なる結果を生じさせないように，パイプラインの停止などの制御を行う必要がある．パイプラインの停止（**ストール**），またはパイプラインの乱れ（**ハザード**）を生じさせる原因はデータ依存，制御依存，資源依存の 3 つに大別される．本節ではパイプラインの停止を生じさせる原因について説明する．

1. データ依存

RAW：Read After Write（真の依存ともいう）

WAR：Write After Read（逆依存ともいう）

WAW：Write After Write（出力依存ともいう）

先行する命令と後続する命令が同一データにアクセスする場合，後続する命令は先行する命令に**データ依存**していると呼ぶ．

データ依存には次の 3 つがある．

(1) **書込み後の読出し**（**RAW**：Read After Write）

(2) **読出し後の書込み**（**WAR**：Write After Read）

(3) **書込み後の書込み**（**WAW**：Write After Write）

読出しどうしでは情報に変化がないので依存は起こらない．さらに上の 3 つの依存で，逐次的なパイプライン制御で生じるのは書込追越し制御：
out of order
control

み後の読出し（RAW）のみで，他の2つは命令の並列処理や**追越し制御**を行うときに起こる．ここでは，逐次パイプラインを対象としているので，RAWについて説明する．データ依存はアクセス先がレジスタか主記憶により，以下のように対策が異なる．

①　レジスタデータ依存

レジスタは命令で直接指定されるため，レジスタデータ依存は命令どうしを比較することにより判定できる．すなわち，先行命令の書込みレジスタアドレスと後続命令の読出しレジスタアドレスが一致した場合，先行命令のレジスタの書込み完了まで後続命令のレジスタ読出しを待たせる必要がある．これについては，6.5節で説明する．

②　主記憶データ依存

先行命令が書き換えた主記憶データを後続命令で読み出す場合は，古いデータが先読みされないように先行命令の書込み完了を待って，新しいデータを読み出す必要がある．通常，主記憶のアドレスは直接命令で指定されるのではなく，レジスタ経由で得られるため，依存性は命令を比較するだけでは判定できず，レジスタ値の比較が必要である．そのため，ロードストアユニットにおいてアクセスされる主記憶アドレスを比較することにより，判定が行われる．すなわち，ロードストアユニットにおいて，先行命令の書込みアドレスを書込み動作完了まで保持し，これと後続命令の読出しアドレスとを比較して，一致したときには先行命令の書き込んだ値を反映させる必要がある．

③　主記憶命令依存

ストア命令の書込み先が次に実行する命令である場合，書込み完了まで命令の読出しを待たなくてはならない．命令を変更した直後にその命令を実行すると，命令キャッシュの無効化，該当アドレスから主記憶データの読出し，命令レジスタへの書込みと命令キャッシュへの書込みという処理が必要である．このように，プログラムによる命令の書換えは命令実行効率を落とすので，できるだけ避けなければならない．論理仕様によって命令書換えを禁じない限り，ハードウェアとしては主記憶への書込みアドレスを保持しておいて，これと命令読出しアドレスとの一致を検出する回路が必要であり，一致を検出すれば命令の再読込みが必要になる．命令書換え可能性はフォン・ノイマン計算機の利点ではあるが，同時に欠点でもある．

制御依存：control dependency

2. 制御依存

① 分岐命令による待ち

条件分岐命令では分岐先アドレス計算を行い，分岐条件の判定を行って分岐先アドレスを確定し，PCに値をセットする．PCがセットされるまで次の命令をフェッチすることができないため，命令フェッチを待たせる必要があり，パイプラインに乱れが生じる．分岐命令の高速化には分岐予測など多くの技術が実現されているので，6.6節で説明する．

資源依存：resource dependency

3. 資源依存

① 演算回路の競合

同一演算回路を前後の命令で使う場合があり，先の命令が演算回路を複数クロック使用する場合には，あとの命令との間で，演算回路競合が起こる．あとの命令は前の命令の実行完了を待たなければならない．

4. その他の要因

① 割込みによる状態設定

割込みが起こると，いったん命令の実行を完了し，割込み処理プログラムに制御を預ける．このとき，割込みを起こしたユーザプログラムの命令以降の実行を停止させ，割込みを起こした命令以前の実行をすべて完了していなければならない．

② キャッシュミスヒット

命令キャッシュやデータキャッシュがヒットしないときには主記憶へその内容を取りに行く．この間キャッシュアクセスは主記憶データが到着するまで待ち状態になり，パイプラインは停止しなければならない．また，ストア命令で該当アドレスがキャッシュに登録されていないときには，主記憶からキャッシュへの転送が行われ，その後ストア命令の書込みが行われる．これが完了するまでパイプラインは停止状態となる．

6.5　データ依存の対策

本節では，RAW のレジスタデータ依存の対策について説明する．以下に例を示す．

```
SUB  $2,$1,$3  ── ①
AND  $4,$2,$5  ── ②
OR   $7,$6,$2  ── ③
ADD  $8,$2,$2  ── ④
```

命令①では，レジスタ $2 に結果を格納し，命令②，③，④ではこの値を用いて演算を行う．このような状況を，命令②，③，④は命令①に**データ依存**していると呼ぶ．この例の単純なパイプライン実行を図 6.5 に示す．

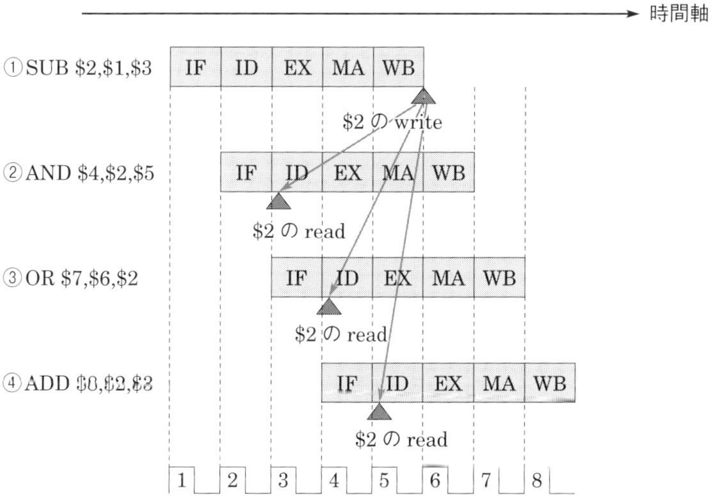

図 6.5　データ依存の例

図 6.5 に示すように，単純にパイプライン実行すれば，命令①がレジスタ $2 に書き込む以前に，命令②，③，④がレジスタ $2 を読み出す．その結果，逐次実行と異なる結果となってしまう．

この解決策として，次の 3 つの方策がある．

(a) パイプライン実行の停止

命令①が書き込むまで，命令②，③，④を停止させる（ストール）．この場合を図 6.6 に示す．

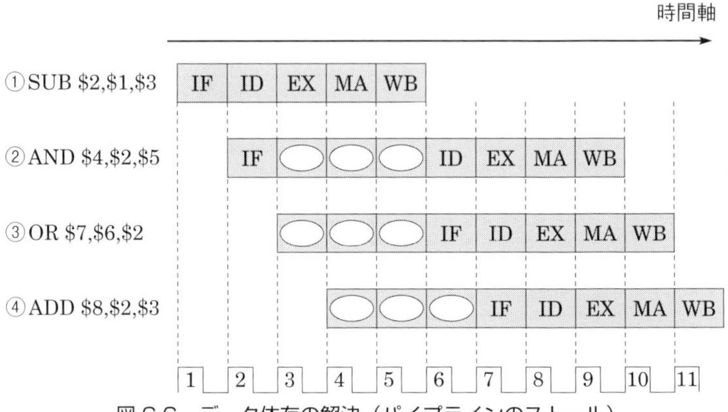

図 6.6　データ依存の解決（パイプラインのストール）

図 6.6 では，命令①がレジスタ $2 に結果の書込みを行うのは WB ステージの 5 クロック目であり，命令②は命令①の書込みが完了するまで読出しを行わずに停止する．すなわち，命令②は 5 クロック目までは ID ステージに進めず，IF-ID パイプラインレジスタで待たされる．また，引き続く命令③，④は命令②が停止しているため IF ステージに進むことができない．このように，パイプライン実行の一部を停止させることにより，正しく実行することができる．

(b) NOP 命令の挿入

(a) の方策では，パイプライン実行を停止させるためのチェックや制御のためのハードウェアの付加が必要である．一方，この問題は **NOP 命令**を挿入することにより，ソフトウェアで解決できる．これを図 6.7 に示す．

NOP 命令：No Operation 命令（何もしない命令）

図 6.7 のように，3 個の NOP 命令を命令①の後に挿入することにより，命令②，③，④がレジスタを読み出すタイミングの前に命令①の書込みを終了させることができる．この方策はハードウェアの追加を必要とせず，コンパイラやアセンブラが自動的に NOP を

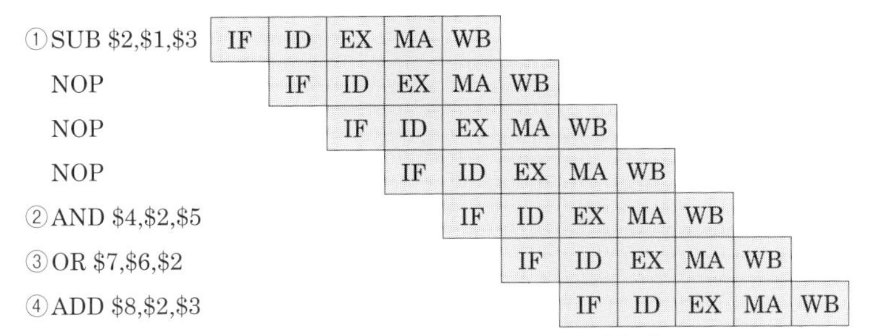

①SUB $2,$1,$3	IF	ID	EX	MA	WB						
NOP		IF	ID	EX	MA	WB					
NOP			IF	ID	EX	MA	WB				
NOP				IF	ID	EX	MA	WB			
②AND $4,$2,$5					IF	ID	EX	MA	WB		
③OR $7,$6,$2						IF	ID	EX	MA	WB	
④ADD $8,$2,$3							IF	ID	EX	MA	WB

図 6.7　データ依存の解決（NOP の挿入）

挿入すればよいため，最も簡単な方策である．

(c) フォワーディング

フォワーディング：forwarding（バイパスともいう）

(a)，(b) に述べた方法では，性能の低下を招く．ここでは，**フォワーディング**と呼ぶ簡単なメカニズムで性能低下を少なくする方策について説明する．これを図 6.8 に示す．

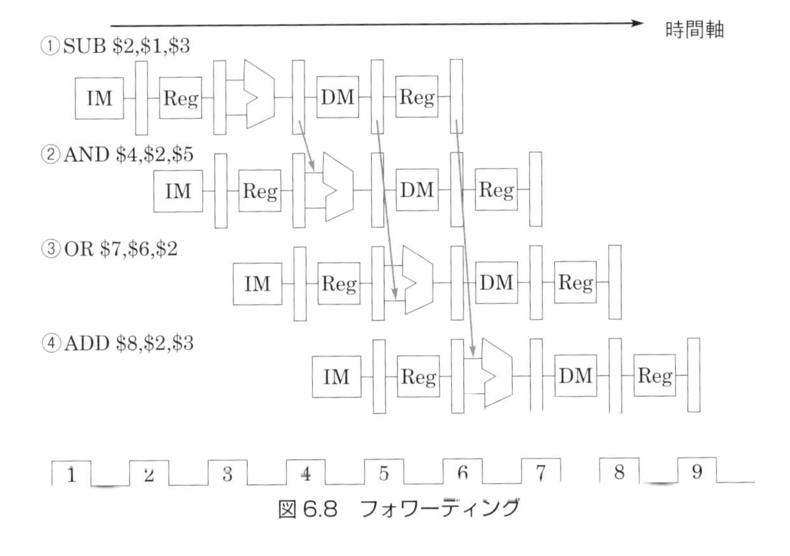

図 6.8　フォワーディング

図 6.8 では，フォワーディングの処理過程を単純化して表している．命令①の演算結果は 3 クロック目の EX ステージで計算され，EX-MA パイプラインレジスタに書き込まれる．命令②がレジスタを読み出すのは 3 クロック目の ID ステージであり，これを用いて

演算するのは4クロック目のEXステージである．すなわち，命令②に必要な値は3クロック目に命令①により生成されており，EX-MAパイプラインレジスタ内に保持されている．したがって，命令②はEXステージでID-EXパイプラインレジスタに格納されているレジスタの値を用いるのではなく，EX-MAパイプラインレジスタに格納された値を用いればよい．同様に，命令③はMA-WBパイプラインレジスタに格納された値，命令④はWB-IFパイプラインレジスタに格納された値を用いればよい．このようにレジスタから読み出した値ではなく，パイプラインレジスタに格納されている値を利用する方法をフォワーディングと呼ぶ．フォワーディングは，図6.9に示されるように，ALUの両方の入力に**マルチプレクサ**を設置し，依存性がないときはID-EXパイプラインレジスタ，1つ前の演算命令に依存するときはEX-MAパイプラインレジスタ，2つ前の演算命令に依存するときはMA-WBパイプラインレジスタ，3つ前の演算命令に依存するときはWB-IFパイプラインレジスタを選択すればよい．

マルチプレクサ：Multiplexer，複数入力から1つを選択するモジュール

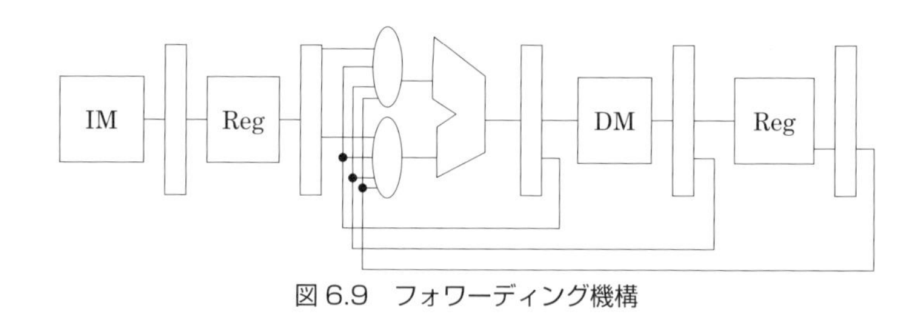

図6.9　フォワーディング機構

以上は，演算命令間のデータ依存であったが，LW命令と演算命令との依存性の場合は少しタイミングが変わる．以下の例について説明する．

```
LW   $2,20($1)  ―― ①
AND  $4,$2,$5   ―― ②
```

この例では，命令②は命令①にデータ依存している．この例をそのままパイプラインで実行すると，図6.10に示すように，LW命令ではMAステージで主記憶から読出しが行われるため，命令②の演

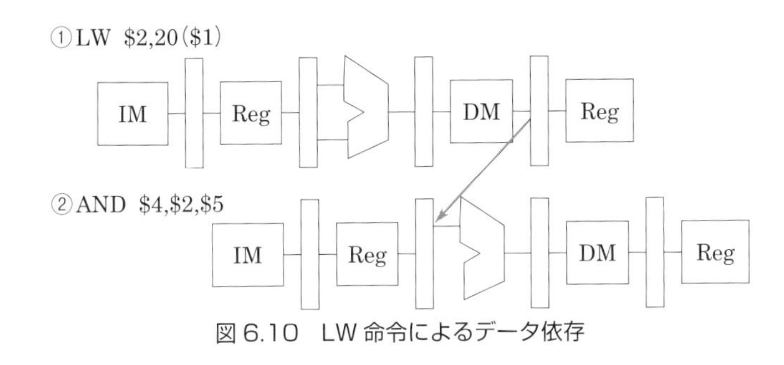

図 6.10　LW 命令によるデータ依存

①LW $2,20($1)	IF	ID	EX	MA	WB		
②AND $4,$2,$5		IF	ID		EX	MA	WB

(a) パイプライン実行を停止させる

①LW　$2,20($1)	IF	ID	EX	MA	WB		
NOP		IF	ID	EX	MA	WB	
②AND $4,$2,$5			IF	ID	EX	MA	WB

(b) NOP を挿入する

図 6.11　LW 命令によるデータ依存の解決

算にはフォワーディングしても間に合わない．

したがって，これを解決するためには，②のパイプライン実行を停止させるか，NOP を挿入するかのいずれかの方法がある．これを図 6.11 に示す．いずれの方法もフォワーディングと組み合わせることにより，1 クロックの遅延で実行できる．

後者の NOP を挿入する方法は，ソフトウェアだけで解決できる．コンパイラやアセンブラは，LW 命令の直後の命令が LW 命令に依存するか否かを調べ，依存する場合に命令の順序を入れ替えて最適化することを試みる．適当な命令が見つからないときには NOP 命令を挿入する．これを**遅延ロード**と呼ぶ．

遅延ロード：
delayed load

6.6　制御依存の対策

命令パイプラインの乱れの中でも大きな割合を占めるのは分岐命令による待ちである．これを軽減することがプロセッサ全体の高速化に大きく寄与する．以下に主な高速化手段を述べる．

PC 相対アドレッシング：
PC Relative Addressing

1. PC 相対アドレッシング

分岐アドレスの計算のために，ベースレジスタの内容を読み出す場合にはレジスタ読出しのためクロックが必要である．しかし分岐先アドレス計算に自分の命令アドレス，つまりプログラムカウンタ PC の内容と，該当命令のオペランド指定部のみを使う **PC 相対アドレッシング**ではベースレジスタ読出しが不要になる．したがって，1 クロックの前倒しができる．MIPS や SPARC などの RISC アーキテクチャでは，PC 相対の分岐アドレス生成を行っている．

遅延分岐：
delayed branch

2. 遅延分岐

遅延分岐では分岐命令の次の命令を実行してから，分岐命令を実行する．次の命令は分岐命令と一体として扱い，2 つの命令機能を合体したような動作になる．したがって，待ち時間の間に次の命令を実行しているので，その命令を実行している時間だけが，分岐命令の待ちを食いつぶして，全体で見れば待ち時間が減っている．

例として，次の 3 命令について説明する．

```
ADD  $3,$4,$5
BEQ  $1,$2,Label
LW   $6,0($7)
```

ここでは，BEQ 命令の ID ステージで分岐先アドレスが PC にセットされるとする．引き続く LW 命令のフェッチは PC がセットされるまで 1 クロック待つ必要がある．

ここで，BEQ を遅延分岐命令と考えると，次のように ADD 命令と BEQ 命令の順序を入れ替え，BEQ 命令と ADD 命令を一体として扱うことにより，ADD 命令を実行してから分岐が起こるため，1 クロックの待ちをなくすことができる．

```
BEQ  $1,$2,Label
ADD  $3,$4,$5
LW   $6,0($7)
```

BEQ 命令における遅延がもっと大きい場合は，より多くの命令をまとめて遅延分岐命令に付随して実行すればよい．このような命令の順序の入替えはコンパイラによって行われる．

条件実行命令：conditional instruction

3. 条件実行命令

条件実行は，通常，条件分岐命令により別の命令の流れを実行することによって制御する．ところが，データ処理命令の中に制御情報を併せて入力することにより，条件実行できる場合がある．例えば，**条件ムーブ命令**では条件コードによって，レジスタに書き込むか書き込まないかを制御することができる．このような処理を条件実行または**プレディケート処理**という．この機能をもつ命令を条件実行命令と呼ぶことにする．ここでは

プレディケート：predicate

```
if (a > 0)  b=b+c;
else        b=b-c;
```

について説明する．なお，条件実行命令は ARM プロセッサに実装されているので，ARM のアセンブリ言語を用いて説明する．変数 a，b，c は，それぞれレジスタ r0，r1，r2 に割り当てられているとする．

条件実行命令を用いない場合と用いる場合について，アセンブリ言語での記述を図 6.12 に示す．

```
     cmp   r0,#0
     ble   L1
     add   r1,r1,r2
     b     L2
L1:  sub   r1,r1,r2
L2:
```

(a) 条件実行命令を用いない場合

```
cmp     r0,#0
addgt   r1,r1,r2
suble   r1,r1,r2
```

(b) 条件実行命令を用いる場合

図 6.12　条件実行命令

コンディションコード：
condition code
（演算結果の状態を表す.）

cmp 命令は2つのレジスタの大小関係を比較し，その結果を**コンディションコード**に設定する．条件実行命令を用いない場合は，ble 命令により，コンディションコードが le（less than equal）のとき，L1 に条件分岐を行う．

一方，条件実行命令では，設定されたコンディションコードを引き続く命令で利用することができる．addgt 命令はコンディションコードが greater than（a > 0）の場合に実行され，suble 命令はコンディションコードが less than equal（a <= 0）の場合に実行される．これにより条件分岐命令が不要になり，パイプラインの乱れをなくすことができる．

分岐予測：
branch
prediction

4. 分岐予測

分岐命令は，プログラムの性質により分岐の方向に偏りがあることが多い．したがって，分岐した履歴情報を残しておくと，その情報を使って分岐するかしないかを予測することができる．確率的に多くの場合に成功すれば，予測に基づいて先行実行することにより高速化することが可能である．

分岐予測には，分岐方向の予測と，分岐先アドレスの予測の2つがある．それぞれについて説明する．

① 分岐方向の予測

パターン履歴テーブル（PHT）：
Pattern History
Table

条件分岐命令の判定に先立って条件の成立，不成立を予測し，パイプラインの早いステージで分岐先アドレスを決定して高速化する技術である．分岐命令の分岐条件の成否の履歴を**パターン履歴テーブル（PHT）**に記憶し，分岐命令のメモリアドレスをキーにして PHT を検索し，分岐の成否を予測する．すなわち，過去の分岐条件の成否の履歴に基づいて分岐方向を予測する．予測をミスしたときは実行中の分岐命令，および引き続く命令の実行を取り消し，正しい分岐先命令をフェッチして実行する．

PHT を用いた分岐方向予測器の基本構造を図 6.13 に示す．PHT の各エントリは1～数ビットで構成される．読み出した PHT エントリの値により，分岐予測方向が決定される．また，分岐の成否が決定したとき，該当するエントリの内容が更新さ

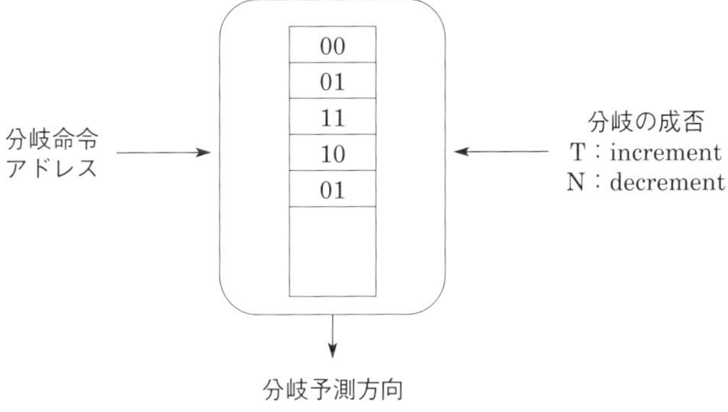

図 6.13　分岐予測器の基本構造

れる.

PHT の容量は限られているため，すべての分岐命令を一意に識別することはできない．そのため，通常は分岐命令アドレスの下位ビットを用いて PHT を検索する．一般に，プログラム空間は PHT のサイズより大きいため，複数の分岐命令アドレスの下位ビットが同一となり，同じ PHT エントリに対応づけられる場合がある．これを PHT の**衝突**と呼ぶ．PHT が衝突する場合は複数の分岐命令の履歴情報が混ざるため，予測性能の低下の要因となる．

衝突：
aliasing

PHT のエントリが 2 ビットの場合について説明する．その状態遷移を図 6.14 に示す．ここでは，分岐条件成立を

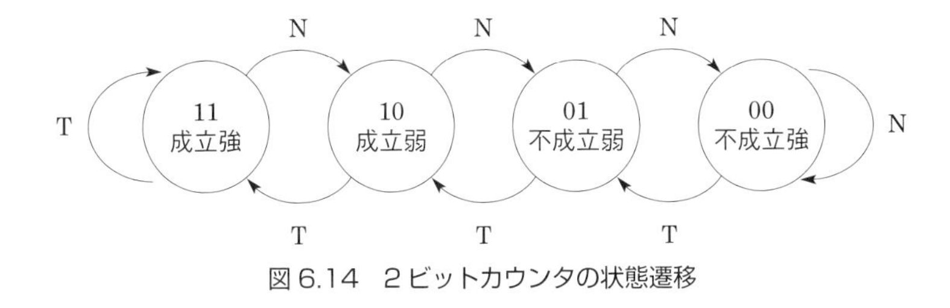

図 6.14　2 ビットカウンタの状態遷移

T (Taken)，不成立を N (Not taken) と表し，PHT エントリの値が 10 あるいは 11 のとき成立，01 あるいは 00 のとき不成立と予測する．分岐条件が成立するとき PHT エントリの値をインクリメントし，不成立のときデクリメントする．ただし，11 をインクリメントしても 11 のままであり，00 をデクリメントしても 00 のままとする．このようなカウンタを**飽和型カウンタ**と呼ぶ．

飽和型カウンタ：saturating counter

2 ビット飽和型カウンタを用いた分岐予測の例として，4×4 の 2 次元配列のコピーについて説明する．これを図 6.15 に示す．2 つの条件分岐があるが，分岐 1 に着目する．カウンタ値の初期値は 10 とする．分岐結果は TTTN の繰返しなので，カウンタ値は 10 → 11 → 11 → 11 → 10 の繰返しとなり，予測値は常に T となる．この結果，ループを繰り返す間予測はヒットするが，ループを抜けるときには予測をミスする．

大きな配列についてはこれで十分な予測精度が得られるが，小さな配列では精度が低い．単にカウンタのビット数を増やしても効果はない．さらなる精度の向上のためには，ループを抜

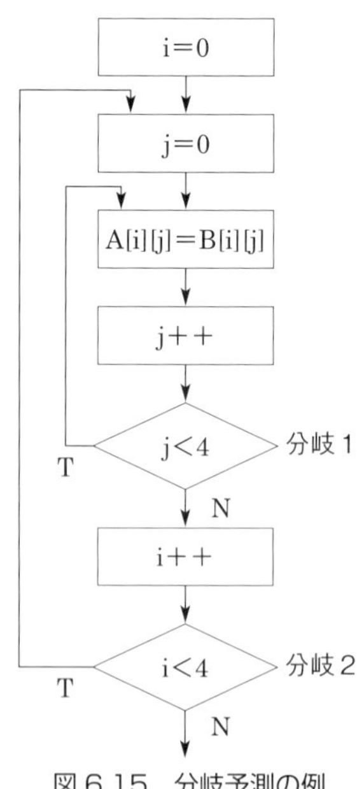

図 6.15　分岐予測の例

シフトレジスタ：
shift register

けるときのミスを減らす必要がある．このために**シフトレジスタ**を用いた予測器が提案されている．この原理について説明する．

TTTN の繰返しは，過去 3 回の履歴を用いれば 4 回目の分岐は正確に予測できる．すなわち

TTT → N

TTN → T

TNT → T

NTT → T

の 4 つのパターンを記憶すれば，次の分岐方向が正確に予測できる．このためにシフトレジスタを用いる．これを図 6.16 に示す．

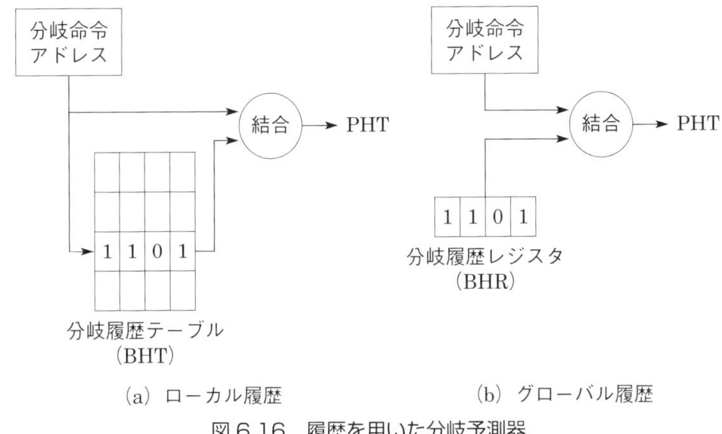

図 6.16　履歴を用いた分岐予測器

ローカル履歴：
local history

グローバル履歴：
global history

この方式では，履歴をシフトレジスタで保持する．分岐結果が得られるごとに左シフトされ，最新の履歴が右端に入力されるとする．履歴については，**ローカル履歴方式**と**グローバル履歴方式**の 2 つの方式がある．ローカル履歴方式は分岐命令ごとに履歴を対応するシフトレジスタに保持する方式，グローバル履歴方式は分岐命令を区別せずに全体の分岐履歴を 1 つのシフトレジスタに保持する方式である．ローカル履歴方式では多数のシフトレジスタが必要となり，これをテーブルとして保持する．このテーブルを**分岐履歴テーブル（BHT）**と呼ぶ．BHT のアクセスは PHT と同様に分岐命令アドレスの下位

ビットを用いる．グローバル履歴方式では1つのシフトレジスタで実現される．これを**分岐履歴レジスタ（BHR）**と呼ぶ．いずれの方式においても，シフトレジスタの値と分岐命令アドレスを結合してPHTにアクセスする．すなわち，図6.15の例においては，ループを繰り返すごとに分岐履歴のパターンが異なるため，それぞれのパターンに応じた4つのPHTのエントリを利用することにより，分岐の予測精度を高めることができる．

図6.17は**gshare予測器**と呼ばれるものであり，多くのプロセッサで利用されている．グローバル履歴レジスタ（BHR）をもち，これと分岐命令アドレスの下位ビットとの排他的論理和によりPHTをアクセスして予測方向を決める．PHTは2ビット飽和型カウンタを用いる．

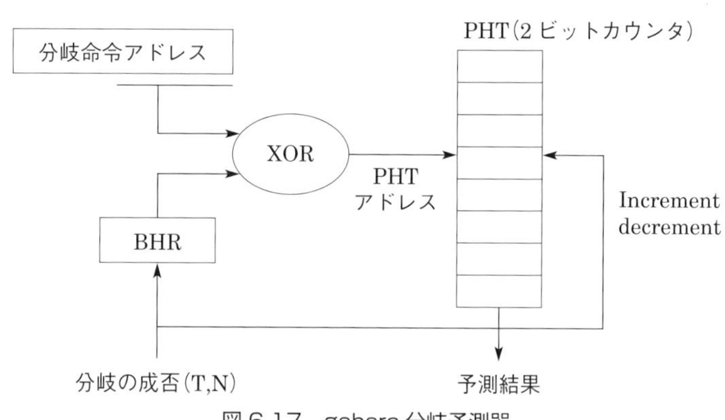

図6.17　gshare分岐予測器

②　分岐先アドレスの予測

条件分岐命令，および無条件分岐命令のいずれも，分岐先アドレスはフェッチした命令内に含まれるオペランド指定部に基づいて決定される．その結果，IDステージで処理されることになり，パイプラインの遅延が発生する．これを軽減するには，フェッチした命令に含まれる情報を用いずに，PCと過去の分岐履歴のみを用いて分岐先アドレスを求めればよい．

分岐ターゲットバッファ（BTB）：Branch Target Buffer

分岐ターゲットバッファ（BTB）を図6.18に示す．BTBには分岐命令アドレスを識別する**タグ**（分岐命令アドレスの上位

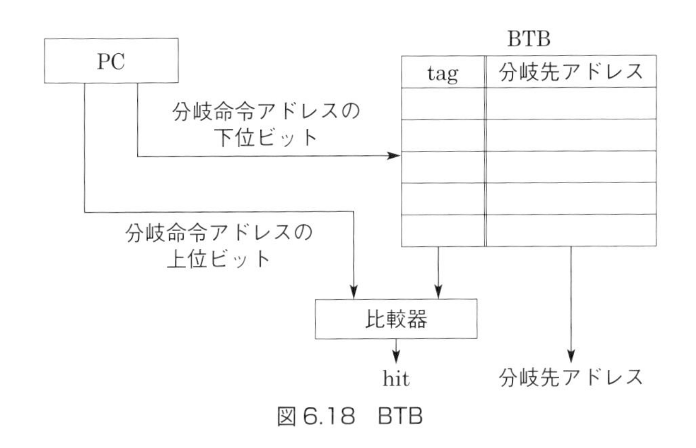

図 6.18 BTB

ビット）と，その命令の分岐先命令アドレスの組が置かれる．

分岐命令の下位ビットをキーにして BTB を検索し，分岐命令の上位ビットと tag が一致した場合に対応する分岐先アドレスを PC に送信する．BTB の値は，分岐命令が実行されるごとに確定した分岐先アドレスが格納される．したがって，BTB は，直前に実行された分岐命令と同じ分岐先アドレスに分岐することを示している．この動作は PC と BTB のみを用いるため，本章で想定するプロセッサでは IF ステージでの処理が可能であり，パイプラインを止めることなく命令を投入することができる．しかし，分岐命令の実行により判明した分岐先アドレスが予測と異なる場合には，予測した分岐先命令以降の命令の実行を取り消し，分岐先命令のフェッチからやり直さなければならない．BTB を用いる手法は，条件分岐，無条件分岐の両方に適用できる

投機的実行：speculative execution

以上のように，**分岐予測**は分岐方向や分岐先アドレスが決定する以前に予測して先行実行する技術である．このような実行を**投機的実行**と呼ぶ．最近のプロセッサでは，命令キャッシュのアクセスがプロセッサのクロックに比べて大きく，例えば命令キャッシュの読出しに 6 クロックかかるものもある．このため，分岐予測の効果は大きい．

Column　分岐予測と投機的実行

投機的実行とは，仕事が必要であると決定する以前に仕事を始めることであり，仕事が必要であると判明したときに仕事をすでに開始した分だけ性能を向上させる技術である．分岐予測は代表的な投機的手法である．

その他の投機的実行として，主記憶からデータを読み出すときに，前回読み出した値を用いて値を予測することにより，メモリ読出しの遅延を防ぐロード値予測も提案されている．また，第3章で説明したキャッシュのプリフェッチも投機的実行である．投機的実行では，投機が成功すればメリットがあるが，投機が失敗したときに元の状態に復帰するためのペナルティが生じる．このため，成功率を高めることが重要である．実際のプロセッサでの分岐予測の成功率は90%以上である．

演習問題

問1　図6.4でADD命令がどのようにパイプライン処理されるかを図示せよ．

問2　以下の命令列をIF，ID，EX，MA，WBの5段パイプライン（フォワーディングなし）で実行するときの各命令の滞在するステージを図6.6のように図示せよ．

```
LW   $2,0($1)
ADD  $3,$3,$2
SUB  $4,$4,$2
SW   $4,0($1)
```

問3　問2と同じ命令列をIF，ID，EX，MA，WBの5段パイプライン（フォワーディングあり）で実行するときの各命令の滞在するステージを図6.6のように図示せよ．

問4　次の3命令でフォワーディングが生じる条件をA～Gの論理式で表せ．ただし，A～Gはレジスタ（$1～$31）とする．

```
LW   A,0(B)  ―― ①
ADD  C,D,E   ―― ②
SW   F,0(G)  ―― ③
```

問5　ある分岐命令の履歴がTTNTNの繰返しパターンであるとする．これを2ビットカウンタで予測するとどのようになるか．ただし，カウンタの初期値は10とする．

問6　MIPSでは条件分岐の高速化のため，IDステージで分岐先アドレスを設定している．どのようにハードウェアを構成すればよいか．

第7章

命令レベル並列アーキテクチャ

最近のマイクロプロセッサでは，多くの命令を同時に並列実行させて性能を向上させている．このようなプロセッサアーキテクチャを命令レベル並列アーキテクチャ（ILP）という．本章では，多数の命令を並列に処理する方式を分類し，スーパスカラ方式とVLIW方式を説明し，コンパイラの最適化との関係ついて述べる．また，スレッドを多重に並列実行する方式について解説する．

命令レベル並列アーキテクチャ：Instruction Level Parallel architecture

7.1 命令レベル並列実行の分類

命令レベル並列アーキテクチャには命令の並列実行を行う多くの方式がある．大きく分類すれば時間的な並列化と空間的な並列化がある．**時間的並列化**は時間刻みを細かく切ってそれぞれのタイミングにそれぞれの命令を配置する．**空間的並列化**は物理的に多数の資源を配置してそれぞれに命令を分配する．これらの組合せも実現されている．

1. 命令パイプライン方式

すでに前章で詳しく述べたのでここでは簡単な説明に止める．パイプラインの中を多数のステージに分割し，それぞれに命令処理の分業を行い，流れ作業の中で多数の命令を並列に実行する方式である．

2. 演算器並列方式

図 7.1 は演算器を複数配置して，その命令制御回路を示している．円筒形の各ステージは 1 つの命令を受け付けることができる．

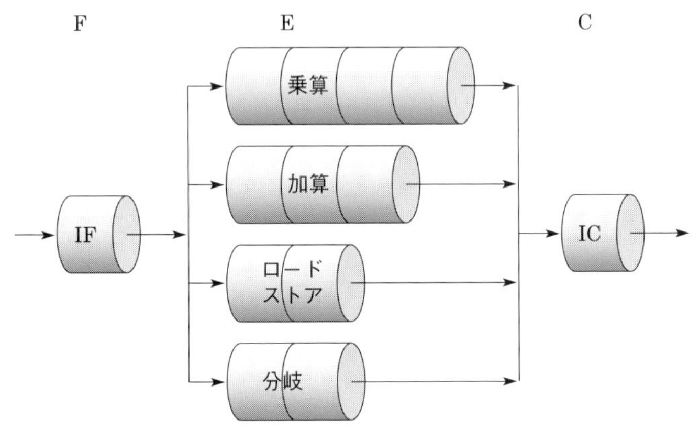

図 7.1　演算器の並列化とパイプライン制御

IF レジスタに命令が入ると，毎クロックごとに異なる命令がそれぞれの演算器に IF から分配され，実行される．この場合は演算器の実行時間が複数クロック掛かることを前提とした図である．実際の演算器では 1 クロックで実行できるものも多い．演算器は多数あるので，異なる演算器に命令が投入されれば，命令の実行ステージがそれぞれの命令制御回路で制御され，複数の演算が並行して実行される．さらに図 7.1 では各演算器の命令制御ステージがパイプラインの形で示されている．これは各演算器そのものもパイプライン構成をとっていることを示す．各演算器は複数の演算ステージを通って演算データを処理するように構成されている．命令制御ステージと演算ステージは同期対応をしている．各演算器がこのようなパイプライン構成をとれば，命令の種類を問わず，常に毎クロック命令を IF から発信することができる．したがって各演算パイプラインの中も複数の演算が実行され，複数の命令を制御することになる．

リオーダバッファ（ROB）：
Re Order Buffer

ICレジスタに入った命令が命令の終了処理を行う．演算パイプラインの命令終了タイミングが異なるので，ICに投入できるタイミングが競合する場合がある．この時，**リオーダバッファ（ROB）**と呼ばれるレジスタをもち，命令を順序どおりに終了させるのに使う．早く終了した命令と結果データとをセットにして保留しておき，プログラム論理順序どおりの命令終了の確認が取れれば，結果データを格納して，命令を終了する．さらに，割込みが生じたような場合は，割込みが生じた命令アドレスで，プログラムの論理的実行順序どおりに命令を終了させる必要があるので，すでに実行が完了した命令も実行以前のレジスタの状態に巻き戻さなければいけない場合がある．

3. 命令並列処理

上の例では，命令パイプラインの初めと終わりは1クロックに1つの命令処理に絞られる．しかし中間では複数の演算器によって並列化を実現しているので，命令パイプラインの出入口も並列に行えば，さらに性能が上がるはずである．

スーパスカラ：
superscalar

複数の命令を同時処理する方式を**スーパスカラ方式**と呼ぶ．上記の出入口を含めて複数の命令パイプラインを構成して命令レベル並列処理を行う．最初のスーパスカラ方式は2つの命令並列実行から始まった．2つの命令を同一クロック内で並列多重に読み出し，それぞれの命令を並列命令パイプラインに投入する．最近では，このスーパスカラ方式のプロセッサでは，より多くの命令を同時実行するプロセッサが実現されている．

もう1つの方式は，大きな命令幅（例えば4命令分）をもつ命令を用意し，その中にそれぞれサブ命令を入れて長い命令語単位に命令を実行する．これを**VLIW方式**という．

VLIW：
Very Long
Instruction Word

両方式とも，並列化のためには多数の演算器と並列命令読出し用のキャッシュやバス，複数のデータ用キャッシュやアクセスバス，読出しデータ保持用のバッファ，書込みデータ保留用のバッファ，命令の実行結果をプログラム論理どおりに並べ換える命令およびデータ用のバッファ (ROB)，レジスタリネーミング機構など，多くのハードウェアが必要である．これらの大量のハードウェアは最近の半導体技術の目覚しい発展によって1チップ上に実装可能となった．半導体技術の進化は，今後ますます進むと思われ，大規模集積化に伴って，**マルチスレッド**と呼ばれる多数スレッドの同時実行が実現されている．さらに，半導体の進化によって，同一LSIチップ上に多数のCPUを搭載することが始まった．

マルチスレッド：multi-thread

7.2　スーパスカラとVLIW

1. スーパスカラ方式

RISCプロセッサの台頭により，CISCとの性能競争が激化した．CISC方式ではCPUの多くの資源を単一の命令で使用してしまう場合もあり，パイプライン制御が困難な場合もあった．RISCプロセッサではCISCに比べて命令セットがシンプルであり，パイプライン化が容易である．さらに，クロック周波数を高めることができる．しかし，同一動作を行う場合にRISCはCISCに比べて命令数が増加するので，実効的な性能はあまり変わらない．したがって，RISCにおいて高速性能への差別化として命令実行の並列化が考えられた．1990年にIBMのAmericaプロジェクトなどで2命令同時実行プロセッサが登場した．これが最初のスーパスカラ方式である．最近では急速に並列度が向上し，各メーカとも4命令並列をすでに実現し，6命令，8命令並列へと向かっている．

スーパスカラ方式の基本的なアーキテクチャを図7.2に示す．この例では命令キャッシュに対して16バイトのアクセスを行うことにより，4バイトの命令を4個同時に読み出す．**命令バッファ**でデコードされ，各命令が**クロスバ回路**を経由して，適切な演算パイプラインに送られて処理される．ここでは，それぞれの命令が処理されるロードストア，整数演算，浮動小数点演算，分岐演算パイプラインのうち，行き先が異なればそれぞれ同時に命令発信レジスタに送られる．このとき処理ユニットで競合が発生すると，論理的にあとで実行されるべき命令は命令バッファで待たされる．

クロスバ回路：cross-bar circuit（行き先が異なれば並列に転送が可能な回路.）

命令発信レジスタでは命令相互間のレジスタ競合のチェックが行

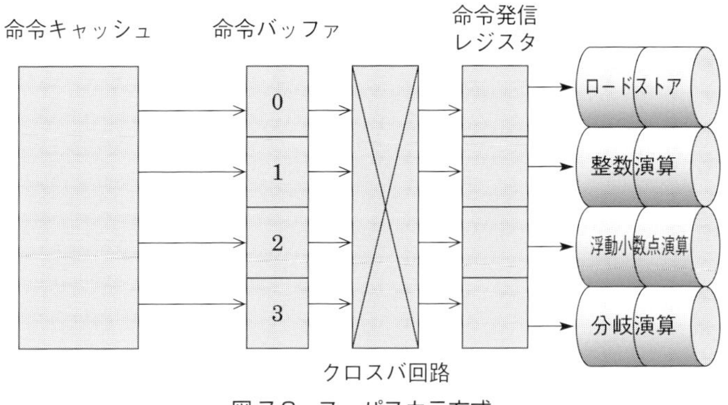

図 7.2 スーパスカラ方式

われる．命令発信レジスタ間はもとより，すでに発信された命令制御パイプライン中の命令間でも必要な場合は，チェックが行われる．競合が避けられなければ，解消されるまで命令実行が待たされる．このチェックはハードウェアで自動的に行われるので，並列化を意識しないでつくられたプログラムでも矛盾なく実行することができる．これらの制御，データ依存関係のチェックは命令並列度に応じて組合せが急激に増大するので，ハードウェアの量も無視できない大きさになる．さらに主記憶アクセスの依存関係のチェックはロードストアユニットにて行われ，アクセス待ちが生じる．

スケジューリング：scheduling

スーパスカラ方式ではシステムプログラムの負担を軽減し，ハードウェアで論理の正常性を保証するが，効率を上げるためにはできるだけ待ちを少なくするように命令の配置を最適化する必要がある．そのためには命令配置（**スケジューリング**）を行うコンパイラの仕事が重要になる．毎クロック複数の命令を発信するためには，資源競合，レジスタ競合を避けてできるだけ多くの命令を同一クロックで発信するようなコンパイラオブジェクトをつくらなければならない．

スーパスカラ方式では，第 6 章で述べたパイプラインの乱れを回避する手段，分岐命令の高速化に対する手法がさらに有効である．

2. VLIW 方式

一方，VLIW は大きな幅（例えば 3～4 サブ命令の幅）をもつ長命令を用意し，その中にそれぞれサブ命令を組み込んで大きな幅の命令語をもつ長命令を発信し，実行する．

ここでの**サブ命令**は RISC の単体命令（上記スーパスカラ方式の命令）相当の機能をもつ．スーパスカラ方式との違いを明確にするために，図 7.2 と同様な 4 サブ命令分の長命令をもつ VLIW 方式の例を図 7.3 に示す．

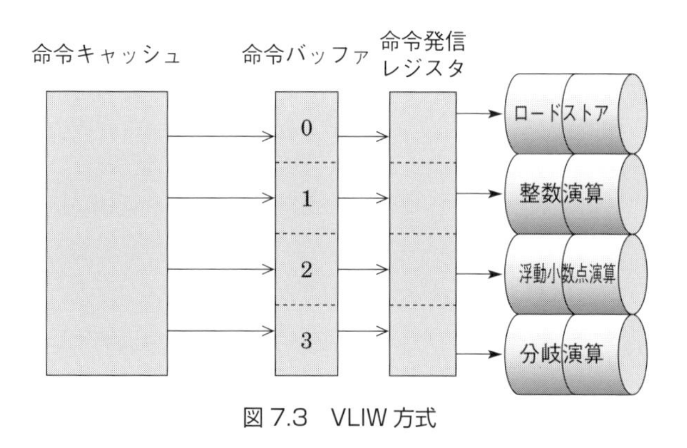

図 7.3　VLIW 方式

図 7.3 では，VLIW の長命令の各領域がロードストア，整数演算，浮動小数点演算，分岐演算サブ命令部に分かれており，各領域には限定されたサブ命令しか入ることができない．

VLIW 方式ではクロスバがなく，サブ命令はそのまま各演算器に発信されることが，スーパスカラ方式との大きな違いである．各領域へのサブ命令の割当てはコンパイラの仕事である．

さらにレジスタ競合がないことをハードウェアの仕様としていることが多いので，コンパイラが依存関係を避けるような**オブジェクトプログラム**をつくり出さなければならない．したがって，ハードウェアはこれらのサブ命令を何のチェックもなく，そのまま並列に実行できる．

VLIW は命令の各領域で並列動作を指定する方式なので，場合によっては，すべての領域にサブ命令を埋め込むことができず，あるサブ命令領域を**無効動作（NOP）**にして，むだにしなければいけないこともある．さらにレジスタ競合を避けるために，あえてサブ命

無効動作（NOP）：No Operation

令のプログラム上の位置をずらさなければいけない場合もある．したがって，コンパイラがいかにしてオブジェクトプログラムの中に並列処理を記述できるか，いいかえるといかにうまくサブ命令を VLIW 命令の各領域に配置（**スケジューリング**）するかが性能向上へのキーとなる．

以上のように，VLIW 方式では命令領域と演算器との対応関係が決まっており，各種の依存関係の制限も仕様として決められているので，ハードウェアの設計はスーパスカラに比べて簡単になる．このため動作周波数も向上する可能性が大きい．

3. 両者の比較

スーパスカラ方式は，ハードウェアの依存関係チェック機構にとって負担が多い．VLIW 方式の場合はハードウェアのチェック機構は簡単になるが，高度なコンパイラが最初から必要である．とはいうもののスーパスカラ方式でも本格的な高性能を達成するためにはやはり強力で高度なコンパイラが必要である．

スーパスカラ方式の利点は，どのような程度のコンパイラでも，オブジェクトプログラムがあれば動作することができることである．さらに，コンパイラが並列化を意識しないでオブジェクトプログラムをつくっても，多少の命令並列実行が達成される場合がある．したがって，スーパスカラの長所は既存プログラムをそのまま使えることであり，ハードウェアの複雑さを犠牲にしてプログラムの互換性を達成することといえよう．

Column VLIW とマイクロプログラム制御

マイクロプログラム制御とは，コンピュータの制御部の実現方法の 1 つであり，同時に実行されるゲートの開閉信号の組によりマイクロ命令を構成し，マイクロ命令の系列により機械語を実現する方式である．1 つのマイクロ命令に含まれる操作はすべて並列に実行される．複数の ALU をもつ場合は，1 つのマイクロ命令の異なるフィールドでそれぞれの ALU を制御する．筆者らは，1976 年に 4 つの ALU をもつマイクロプログラム制御コンピュータ QA-1 を開発した．これは，1 つのマイクロ命令で 4 つの ALU 演算を行うものであり，アーキテクチャとしては VLIW の先駆けとなるものであったが，コンパイラの開発は念頭になかった．

7.3　命令の並列実行制御

1. インオーダ実行とアウトオブオーダ実行

並列に実行する命令をスケジューリングするときに，プログラムの記述順を守る方式を**インオーダ実行**，プログラムの記述とは異なる順序での実行を許容する方式を**アウトオブオーダ実行**と定義する．命令スケジューリングはVLIW方式においてはコンパイラの仕事であり，スーパスカラ方式においてはハードウェアの仕事である．いずれにおいても，命令間の依存性に基づき，プログラムの実行結果が逐次実行と一致することが前提である．

インオーダ実行：
in order execution（プログラムの順序どおりに実行．）

アウトオブオーダ実行：
out of order execution（命令の追越しを許す実行．）

例として，以下の命令列について説明する．

```
LW    $2,0($3)    —— ①
ADD   $4,$2,$5    —— ②
ADD   $6,$3,$5    —— ③
ADD   $7,$5,$6    —— ④
```

この4つの命令において，次のような依存性が存在する．

・②は①にデータ依存（$2のRAW）

・④は③にデータ依存（$6のRAW）

ここで，各命令が1クロックで実行できると仮定する．

インオーダ実行では，命令③が命令②を追い越せないため，次のように命令をスケジューリングする．

①→（②，③）→④

アウトオブオーダ実行では，次のようにスケジューリングできる．

（①，③）→（②，④）

明らかに，アウトオブオーダ実行のほうが高い並列性を抽出できるため，効率が良い．このため，現在ほとんどのスーパスカラプロセッサは，アウトオブオーダ実行を行っている．

スーパスカラプロセッサでは，このようなスケジューリングをハードウェアで行わなければならない．同時実行命令数を n とするとき，インオーダ実行では n 個の命令について依存性を調べればよいが，アウトオブオーダ実行では n より大きい命令について調べる必要があり，チェックのためのハードウェア規模は増加する．

2. レジスタリネーミング

命令の並列処理を妨げる大きな要因は，6.4 節で述べたようにレジスタデータ依存である．これには，RAW（Read After Write），WAR（Write After Read），WAW（Write After Write）の 3 種類がある．このうち，WAR，WAW はレジスタ割当てにより解消できる．以下の命令列を例にとって説明する．

プログラム 7.1

```
LW   $1,0($8)   ―― ①
ADD  $1,$1,$2   ―― ②
SW   $1,0($8)   ―― ③
LW   $1,0($9)   ―― ④
SUB  $1,$1,$2   ―― ⑤
```

①から⑤の命令間には，以下のような依存性がある．

・①と②：RAW，WAW
・②と③：RAW
・②と④：WAW，WAR
・③と④：WAR
・④と⑤：RAW，WAW

これは，すべての命令がレジスタ $1 を用いることに起因する．これについて，次のようにレジスタ割当てを変えると，WAR，WAW の依存性は解消される．ただし，RAW は本質的な依存性であるので，解消することはできない．

プログラム 7.2

```
LW   $1,0($8)   ―― ①
ADD  $3,$1,$2   ―― ②
SW   $3,0($8)   ―― ③
LW   $4,0($9)   ―― ④
```

```
SUB   $5,$4,$2   —— ⑤
```

①から⑤の命令間には，以下のような依存性がある．

・①と②：RAW

・②と③：RAW

・④と⑤：RAW

この変換はコンパイラによって行うことができるが，利用できるレジスタ数が少ない場合や，ループの繰返しの1回目と2回目の間のように分岐命令を挟んだ命令間では，コンパイラでは対処できない場合がある．これを実行時にハードウェアとして実現する機能が**レジスタリネーミング機構**である．レジスタリネーミング機構では，ソフトウェアから見えているレジスタより多くのレジスタを用意する．ここで，ソフトウェアから見えるレジスタを**論理レジスタ**，ハードウェアとして実装されているレジスタを**物理レジスタ**と呼ぶ．レジスタリネーミングとは，図7.4に示すように，命令内で記述されている論理レジスタを実行時に物理レジスタに変換することにより，データ依存を減少させる手法である．

レジスタリネーミング：register renaming

論理レジスタ：logical register（プログラムから見えるレジスタ.）

物理レジスタ：physical register（ハードウェアで実装されているレジスタ.）

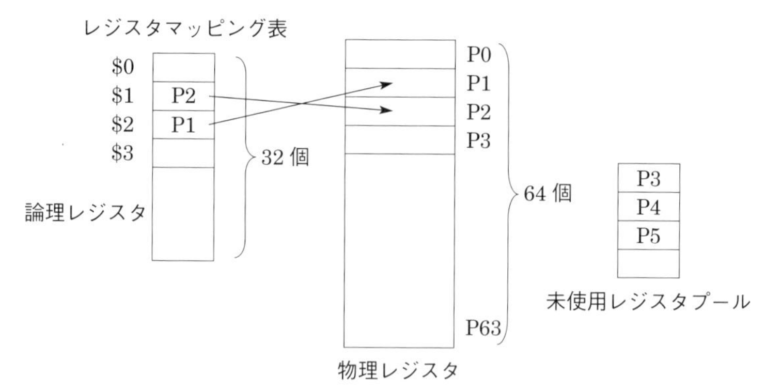

図7.4　レジスタリネーミング機構

図7.4では，32個の論理レジスタと64個の物理レジスタを有する．これらの対応をとるため，32エントリの**レジスタマッピング表**をもつ．図では，論理レジスタ$1は物理レジスタP2に対応し，論理レジスタ$2は物理レジスタP1に対応することを示す．また，

レジスタマッピング表：register mapping table

未使用レジスタプール：free register pool

未使用の物理レジスタを示すため，**未使用レジスタプール**をもつ．図より，P3，P4，P5が未使用レジスタであることを示す．

レジスタリネーミング機構では，フェッチされた命令に対して，ソースオペランドとなるレジスタはレジスタマッピング表を用いて物理レジスタ番号に変換し，ディスティネーションオペランドとなるレジスタは未使用レジスタプールを用いて物理レジスタを1つ取り出し，その物理レジスタ番号に変換するとともに，レジスタマッピング表を書き換える．上記のプログラム7.1において，レジスタリネーミング機構の動きを図7.5に示す．

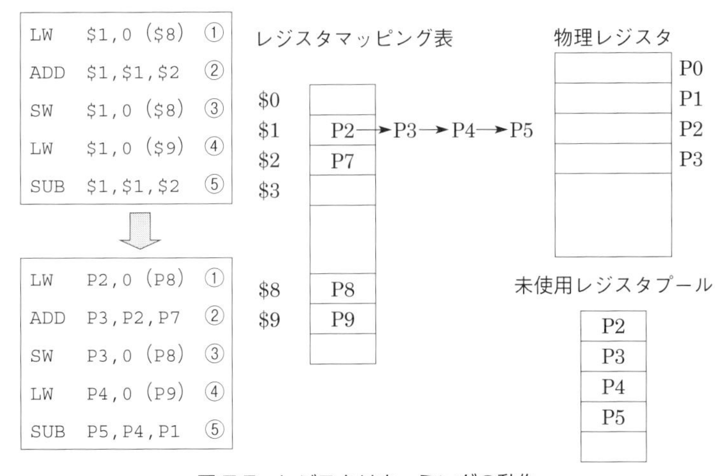

図7.5 レジスタリネーミングの動作

実行前のレジスタマッピング表の値は，($2，P7)，($8，P8)，($9，P9)とする．まず，①のLW命令は，ソースオペランド$8をレジスタマッピング表よりP8に変換し，ディステーションオペランド$1を未使用レジスタプールの示すP2に書き換え，レジスタマッピング表の$1のエントリをP2に書き換える．②のADD命令は，ソースオペランド$1，$2をレジスタマッピング表により，P2，P7に書き換え，ディスティネーションオペランド$1を未使用レジスタプールの示すP3に書き換え，レジスタマッピング表の$1のエントリをP3に書き換える．以下同様に行うと，最終的にプログラム 7.2 と同じようなコードが生成され，WAR，WAW の依存性を取り除くことができる．

3. リザベーションステーション

演算器への入力は必ずしも同期して到着するわけではない．さらにすでに到着していても別の競合条件によって，待たされる場合もある．データを演算器の前段で保留しておいていつでも演算器に投入することができるようにすれば，命令の発信が容易にできる．このための入力データを保持するバッファレジスタを**リザベーションステーション**（**RS**）という．RS の概念は **Tomasulo** により提唱され，1967 年に発表された IBM360/91 の浮動小数点演算ユニットに搭載された．その後，形を変えながらも複数命令の同時実行を制御するメカニズムとして，現在のコンピュータにも取り入れられている．

リザーベーションステーション（RS）：Reservation Station

Tomasulo：Robert Tomasulo

RS は機能ユニットごとに備わり，入力側に **R ビット**，タグ，値の 3 つの情報を保持し，出力側にタグ，値の 2 つの情報を保持する．R ビットはオペランドが到着しているか否かを示し，タグはリネーミングされた物理レジスタ番号を示す．RS は共通バスに接続される．

R ビット：ready bit

RS の動作について説明する．レジスタリネーミングが終了した命令は，演算に対応する RS が割り当てられる．このとき，入力側，出力側両方のタグ情報が設定され，値が確定しているときは，入力側の R ビットが 1 にセットされ，値が設定される．

RS は，入力側の R ビットがすべて 1 になったとき，入力側に保持された値を機能ユニットに送出する．機能ユニットは処理を行い，結果を出力側に保持されているタグとともに共通バスにブロードキャストする．共通バスに接続されている各 RS や**リオーダバッファ**（**ROB**）は，入力側に保持されているタグとブロードキャストされてきたタグを比較し，一致すればその値を取り込み，R ビットを 1 とする．

リオーダバッファ：reorder buffer

以上の動きを，次の 3 命令の実行を例に説明する．

```
i1:    LW    $1,0($5)
i2:    ADD   $2,$1,$3
i3:    MUL   $4,$2,$1
```

ここで，加算，乗算，ロードストアユニットは各1個とし，それぞれにRSが接続されているとする．処理過程を図7.6～7.9に示す．

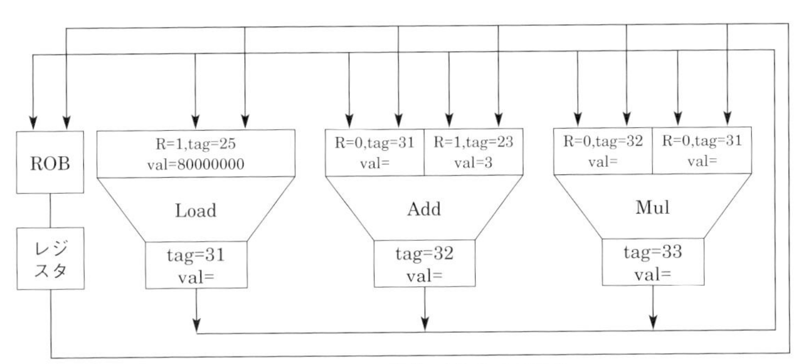

図7.6　RSの動作（命令の発行）

図7.6は，3つの命令i1，i2，i3がフェッチされ，レジスタリネーミングが終了してロードストア，加算，乗算の3つのRSに格納された状態を示す．レジスタ（$1，$2，$3，$4，$5）は，それぞれタグ（31，32，23，33，25）にリネーミングされたものとする．

命令i1はロードストア用RSに割り当てられ，入力オペランド$5のタグ25が確定しているので，その値80000000がvalに設定され，Rビットは1となる．

命令i2は加算用RSに割り当てられる．第1オペランドは命令i1の出力となるので，タグは31が設定され，Rビットは0となる．第2オペランド$3は値が確定しているので，タグ23より値3が転送され，Rビットは1となる．

命令i3は乗算用RSに割り当てられる．第1オペランドは命令i1の出力，第2オペランドは命令i2の出力となるので，タグは32，31が設定され，Rビットは0に設定される．

ここで，命令i1のRSは入力が1つでRビットが1なので，命令 i1 が実行される．結果が得られると，図 7.7 に示すように共通バスによりタグ 31 と値 10 が転送される．命令 i2 の RS では共通バス上のタグと RS の左側が保有するタグが一致し，命令 i3 の RS では右側のタグと一致するため，共通バス上の値を取り込み，R ビットを 1 に設定する．この時点で，命令 i2 の RS は 2 入力の R ビットがともに 1 となり，実行可能となる．また，送出されたタグと値は ROB に格納される．

図 7.8 では，命令 i2 が実行され，加算結果 13 とタグ 32 を共通バスにより転送する．命令 i3 の RS は共通バス上のタグと RS が保有する左側のタグが一致するため，共通バス上の値を取り込み，R ビットを 1 に設定する．この時点で，命令 i3 の RS は 2 入力の R ビットがともに 1 となり，実行可能となる．

図 7.9 では，命令 i3 が実行され，乗算結果 130 とタグ 33 を共通

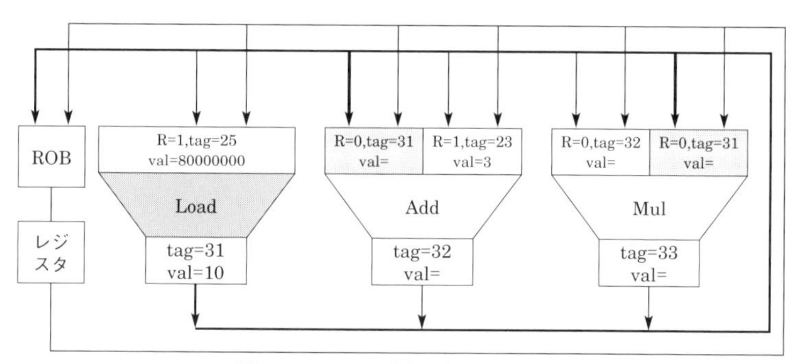

図 7.7　RS の動作（LW の実行）

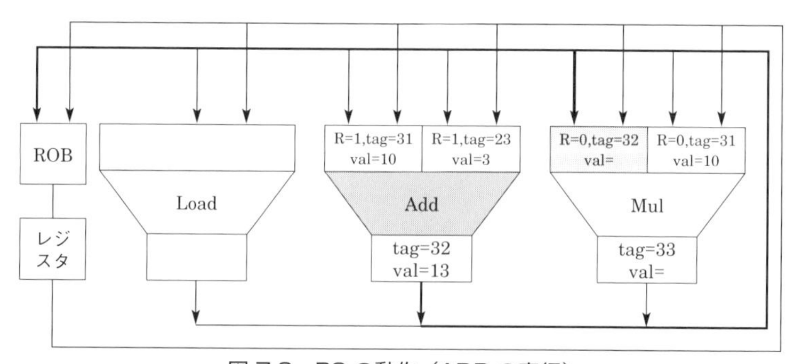

図 7.8　RS の動作（ADD の実行）

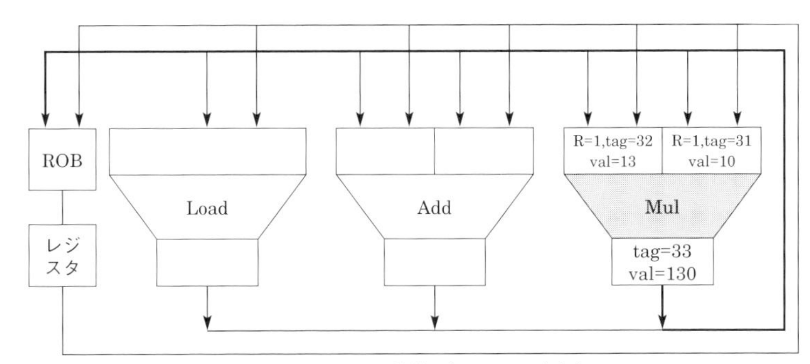

図 7.9　RS の動作（MUL の実行）

バスにより転送する．この結果は ROB に格納される．

このように，RS は，必要なデータがそろった命令から実行を開始し，演算結果の共通バスによるフォワーディング機構などにより，アウトオブオーダ実行を効率良く行うメカニズムである．

Column　IBM360/91

IBM360/91 は，革新的な技術を満載した画期的な機械であった．パイプライン演算器や，乗算器，除算器そのものにも革新的な構成をとり，命令，演算器のパイプライン制御，命令の追越し制御，リザベーションステーション，レジスタリネーミングなど，計算機設計思想として革新的であった．並列処理の進んだ最近のプロセッサにも上記の設計思想が引き継がれている．この意味で高度な計算機設計技術の基礎を築いたといってよいと思われる．

4. リオーダバッファ

複数命令を並列に実行すると，命令の完了がプログラム論理と異なることがある．そのため，先に終わった命令は，プログラム論理を確認して，レジスタなどの情報書換えを実行しなければならない．したがって実行完了しても，終了の確認（**コミット**と呼ぶ）をしないと終わってはいけない．実行完了からコミットまでの時間，命令情報と結果データをバッファに保留しておく必要がある．このためのバッファを**リオーダバッファ**（**ROB**）と呼ぶ．

コミット：commit

図 7.10 に示すように，ROB の内容は，命令のアドレス（PC），結果データ（Result），タグ，Ready ビットで構成されている．ROB

	PC	Result	Tag	Ready
5	命令7	データ	タグ	1
4	命令6	無効	タグ	0
3	命令5	データ	タグ	1
2	命令4	無効	タグ	0
1	命令3	データ	タグ	1

図7.10　リオーダバッファ（ROB）の構成

はプログラム上の命令実行順序で命令が配置されており，先に終わった命令はその実行完了がReadyビットで表示されている．この例では命令3，5，7はすでに実行が終わっており，Resultには演算結果が入っている．命令4，6はまだ命令実行が終わっていないので，Readyビットは0であり，これが1に変わるとコミットに移ることができる．コミットできた命令のデータはレジスタに書き込まれ，最新データとして，プログラムから見えるデータとなる．

コミットとは命令がROBの先頭に位置し，以下の条件の成立を示す．

① 分岐命令では分岐予測が正しく適切な命令をもってきていること

② ストア命令で先行する依存関係にあるロードデータが確実に先に読み出されることが保証されて，データ書込み動作を完了したと考えてよいこと

③ その他の通常の命令ではレジスタの依存関係に矛盾なく最新データを書き込めばプログラムから見ても正常な命令完了が保証される時点にあること

コミット条件が整えば，データ書込みをしてROBから命令を取り除く．その後，リオーダバッファROBの先頭に向けて他の命令をシフト移動させる（つまり**FIFOバッファ**である）．

FIFOバッファ：First-In First-Out Buffer

図7.10の例では，この状態で命令3はコミットされる．次に，命令4のREADYが1に変わると，命令4，5がコミットされ，命令6のReadyが1になると，命令6，7がコミットされる．

IBM360/91の時代は，ハードウェア量の制約上，ROBを備えていなかった．そのため，割込みが生じたときは**不正確割込み**として，制御を簡略化した．上記の命令4で割込みが生じても命令5の

不正確割込み：imprecise interrupt

実行結果は元に戻すことができなかったので，正しいプログラム論理を保証できなかった．現在のプロセッサではROBを備えることにより，割込みの発生時点まで状態を巻き戻すことができ，プログラム論理を保証している．

7.4 コンパイラの最適化

コンパイラの最適化：
compiler optimization

レジスタの割当てや，命令のスケジューリングにはコンパイラの役割が重要である．さらに資源競合，依存関係の回避，プログラム制御の最適化などハードウェア性能を最大限に引き出すためには多くのコンパイラ技術が必要となる．さらにデータアクセスに関する高速化技術も重要であり，特に大規模なデータ空間を扱うプログラムではキャッシュミスを最小化するための技術が必要となる．

コンパイラは依存関係を解析するデータフローグラフの作成，その依存関係に応じてデータをレジスタに割り当て，命令の実行時間を各命令に割り当てて，同時実行可能な命令（または操作）への割当などを行う．

コンパイラは命令実行のタイムチャートを想定し，命令の実行時間，レジスタの競合の解除時間などを考えて，命令の発信タイミングを最適にするように命令を配置していく．これを**命令のスケジューリング**という．この場合はコンパイラで命令の順番をあらかじめ決めてしまうので**静的スケジューリング**という．

静的スケジューリング：
static scheduling

次に効果が大きいコンパイル技術について述べる．

1. ループアンローリング

ループアンローリング：
loop unrolling

ループアンローリングの説明として次のようなプログラムを示す．

プログラム 7.3

```
for (i=0; i<N; i++) {
      W [i]=X [i]*Y [i];  —— ①
      Z [i]=V [i]+W [i];  —— ②
}
```

これをループアンローリングすると次のプログラムとなる．

プログラム 7.4

```
for (i=0；i＜N；i+=2) {
      W [i]=X [i]*Y [i]；              ―― ③
      W [i+1]=X [i+1]*Y [i+1]；  ―― ④
      Z [i]=V [i]+W [i]；              ―― ⑤
      Z [i+1]=V [i+1]+W [i+1]；  ―― ⑥
}
```

つまりiを1ずつ足すのではなく，2ずつ足してその代わり上記のループ回数数を半分にして，2つのループを1つのループに展開する．したがって，iとi+1の計算を1つのループの中で実行する．こうすることによって次のような利点がある．

①　分岐命令の頻度が下がる．

②　iとi+1を扱う命令に異なるレジスタを割り当てることにより，レジスタの競合が少なくなる．

③　独立な演算の数が増えて資源が有効利用できる．

すなわち，プログラム 7.3 の①と②はRAWの依存関係にあるが，展開することにより，プログラム 7.4 の③と④，⑤と⑥には依存性がなく，並行して実行できる．

上記ではプログラムを書き換えてアンローリングを実現している．しかし，この程度の単純なプログラムなら高度なコンパイラでは自動的にアンローリングを実現していることが多い．さらに命令の実行順序も最適化がなされる．小さなループでは，ループアンローリングによって2～3割の性能差ができる場合があるので非常に効果的である．

ソフトウェアパイプライニング：software pipelining

2. ソフトウェアパイプライニング

上記のループアンローリング手法をさらに発展させると，より効率的な命令配置を行うことができる．**ソフトウェアパイプライニング**では，ループ内で依存関係があっても，ループアンローリングしたプログラムの中から適切な文を摘出し，これらを式の実行順序を変えることにより依存関係をなくしている．以下にこの例を示す．プログラム7.3を展開したプログラムをつくり，ループ内では依存関係がない実行文を抜き出してオブジェクトプログラムをつくる．ただしループ間では依存関係をもつことになる．ループ内ではi, i+1の異なるインデックスをもった配列間の演算にする．その代わりiの範囲が0からN−1までと変わるので，前後の処理が必要になる．これらを**プロローグ**，**エピローグ**と呼ぶ．

プログラム7.3は次のとおりであった．

プログラム7.3（再掲）

```
for (i=0;i<N;i++) {
      W [i]=X [i]*Y [i];
      Z [i]=V [i]+W [i];
}
```

ソフトウェアパイプライニングでは以下のように書き換える．

プログラム7.5

プロローグ
```
W [0]=X [0]*Y [0];
```

本体
```
for (i=0;i<N−1;i++) {
      Z [i]=V [i]+W [i];
      W [i+1]=X [i+1]*Y [i+1];
}
```

エピローグ
```
Z [N−1]=V [N−1]+W [N−1];
```

このプログラムの本体部分では，V［i］，W［i］として1つ前のループの値が入っており，これがループ間では引き渡される．しかし，ループ内の2式ではデータの依存関係がなく独立である．よって，本体ループ部分を実行する命令は並列に実行可能となり，命令の高速実行が可能となる．この例はソースプログラムの書換えで説明したが，コンパイラは自動的に解釈してソフトウェアパイプライニングを実行する命令列をつくる．ループ展開の個数もコンパイラが分析して決定する．以上はコンパイル技術によって依存関係を回避する一例である．

トレーススケジューリング：trace scheduling

3. トレーススケジューリング

さらに，VLIWではフローグラフの解析の結果，最も実行確率の高いパスを見つけて，パスに沿って並列実行可能な命令を抽出して，サブ命令を割り付ける．割り付けられなかったサブ命令を上記パスの外に移動して，補正コードを追加し，最適スケジューリングを行う．サブ命令を移動したパスのほうではさらに命令スケジューリングの最適化を行う場合がある．これを**トレーススケジューリング**と呼び，**広域最適化**の1つである．これを図7.11に示す．図において，A，B，E，Hが最も実行確率の高いパスとし，これらを統合したブロックを作成するとともに，これらを移動した影響を補正するコードを生成する．

広域最適化：global optimization

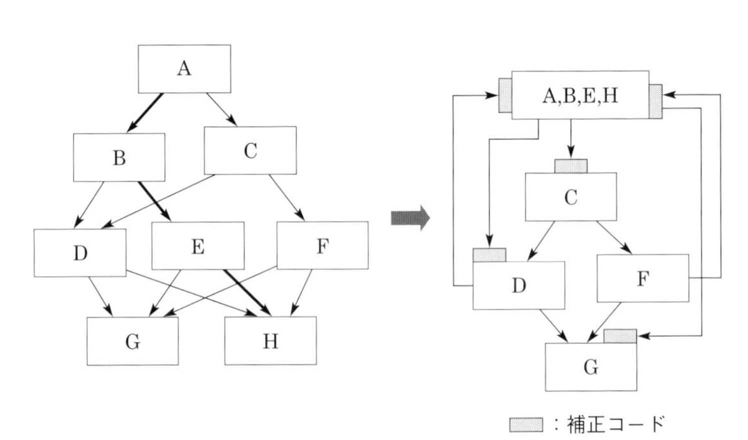

図7.11　トレーススケジューリング

7.5　マルチスレッド方式

マルチスレッド：multi-thread

マルチスレッドは，複数のスレッドを並列に走らせることにより，プロセッサのリソースを有効利用して処理効率を上げる手段である．単一プログラムの実行時間よりも，スループットを重視した方式である．かつてこの方式は，1980 年代に Denelcore 社の HEP という商用機に実装された．

マルチスレッドには，以下の 3 つの方式がある．

細粒度マルチスレッディング：fine grain multi-threading

① **細粒度マルチスレッディング**

クロック単位でスレッドの実行を切り換える．この方式の利点は，パイプラインの段数分のスレッドを並列に走らせることにより，データ依存や制御依存によるストールを減らす点にある．

粗粒度マルチスレッディング：coarse grain multi-threading

② **粗粒度マルチスレッディング**

キャッシュミスなど大きなストールが発生したときにスレッドを切り換える．ストールによる待ちを減らすことができるが，スレッドの切換え時にパイプラインを起動するためのオーバヘッドが発生する．

同時マルチスレッディング：simultaneous multi-threading

③ **同時マルチスレッディング（SMT）**

スーパスカラプロセッサの資源を利用して，複数のスレッドから実行可能な命令を選び出して並列に実行する．例えば，整数演算が中心のスレッドと，浮動小数点演算が中心のスレッドが同時に走行している場合，演算器を効率良く使用することができる．

マルチスレッド方式のハードウェア構成を図 7.12 に示す．このハードウェアサポートには，マルチスレッドの数だけのレジスタ，PC，IR などの資源の重複設置が必要である．しかし，演算器，

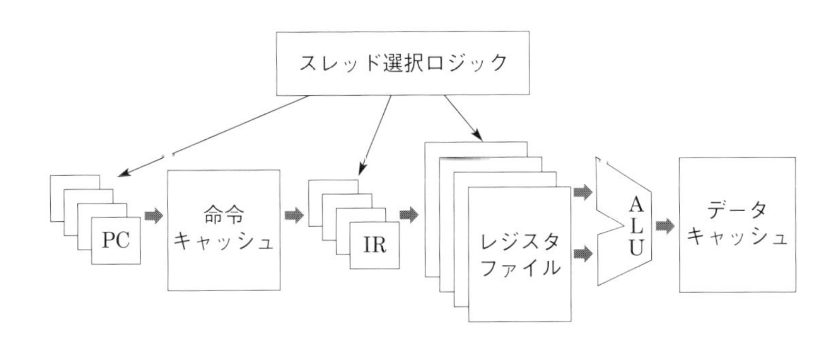

図 7.12　マルチスレッド方式の構成

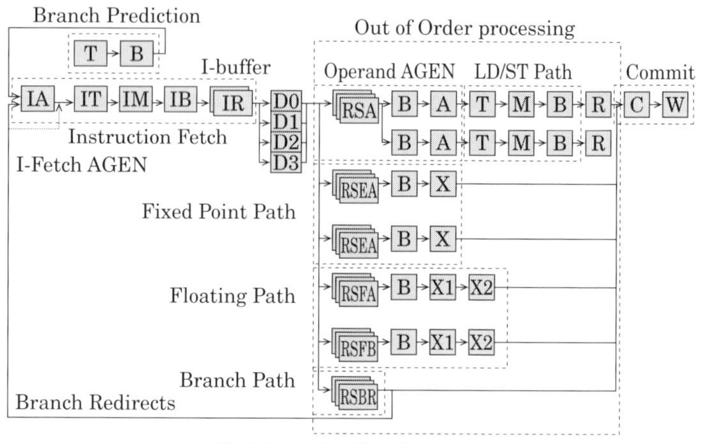

図 7.13　Pipeline Overview

HT：
Hyper Threading
Technology

キャッシュなどの資源は共有できる．このため，追加されるハードウェア量は大きくない．欠点として，1 つのスレッドの走行時間は単一走行に比べて短くなるとは限らない．Intel は **HT** という名称で，SMT 方式の 2 つのスレッドの並列実行機能を提供している．Core i7 プロセッサの 1 コア上で HT を用いて PARSEC ベンチマークをテストしたところ，性能向上率が 1.31，エネルギーの向上率は 1.07 と報告されている．

Column　命令レベル並列処理を実現したプロセッサの実例

先端マイクロプロセッサの例として図 7.13 に **SPARC64 V**（富士通製 SPARC V9 仕様をもつマイクロプロセッサ）の Pipeline Overview を示す．

命令読出しパイプラインは IA から IR まで 5 ステージあり，命令キャッシュから一度に 8 命令を命令キャッシュから命令バッファに読み出す．分岐予測用の BTB（Branch Target Buffer）は分岐予測情報とともに分岐アドレスの表をもち，予測された命令列を読み出すのに使われる．さらに分岐命令の繰り返し実行回数やサブルーティン用の分岐アドレスを保持する表をもつことにより分岐予測精度を向上させている．

D0 から D3 はデコードステージで，1 クロックサイクルで 4 命令を同時にデコード，発行することができる．

6 個の演算パイプラインはそれぞれリザベーションステーションをもち，それぞれ

10～16 命令を保持することができる．全体で最高 6 命令まで同時に実行を開始できる．分岐命令を含めて，命令間での追越し（Out of Order）制御を行っている．

RSA（A/B）はアドレス計算用で同時に 2 つのアドレス加算を実行開始でき，データキャッシュへのロードストアのアクセスも同時に 2 つずつ処理される．B ステージでレジスタ読出し，A でアドレス計算，T でアドレス変換を行う．アドレス比較一致検出，データ用キャッシュアクセス後，R は結果データの取得である．固定小数点数計算用に RSEA/B をもち，同時に 2 つの演算命令を投入することができる．X ステージは演算実行である．汎用レジスタとリネーミングレジスタをもつ．

RSFA/B は浮動小数点用で同時に 2 つの演算命令を実行開始できる．乗算と加算を同時に実行できる命令をもつので合計 4 浮動小数点演算の並列実行が可能である．浮動小数点レジスタとリネーミングレジスタをもつ．RSBR は分岐命令の実行を行う．条件分岐命令では分岐条件の確定を待って，予測した分岐方向と分岐先アドレスとが一致すれば実行を終了する．一致しなければ，正しい命令アドレスを IA に送り，命令を読み出して分岐命令を終了する．

C ステージでプログラム順序に沿った命令終了処理を行う．W ステージはプログラム上で見えるレジスタへの書込みを行う．4 命令を同時に完了することができる．

演習問題

問 1　スーパスカラ方式と VLIW 方式の以下の比較表を作成せよ．

	スーパスカラ	VLIW
ハードウェアの規模		
命令の並列化		
ソフトの互換性		
クロック周波数		

問 2　次の命令系列のレジスタをハードウェアでリネーミングした場合，どのような命令列となるかを示せ．ただし，直前に \$1，\$2，\$3 は P1，P2，P3 に割り当てられており，未使用レジスタは P4，P5，P6 の順に使用するとする．

```
LW   $1,0($2)
ADD  $1,$1,$3
SW   $1,0($2)
```

問 3　4 つのリザベーションステーション（RS）をもつスーパスカラプロセッサにおいて，各 RS は 2 入力，1 出力ポートをもつとする．

各RSはフォワードされるタグと値を取り込むため比較器が必要である．合計何個の比較器が必要か．

問4　以下に示すROBの状態において，命令3のLW命令でページフォールト割込みが発生したとき，どのように制御すればよいか．

PC	Result	Tag	Ready
命令5	無効		0
命令4	データ2		1
命令3（LW）	無効		0
命令2	無効		0
命令1	データ1		1

問5　次のプログラムをループアンローリングせよ．ただし，Nは偶数であるとは限らない．

```
for (i=0; i<N; i++) {
    C[i]=A[i]+B[i];
}
```

第8章

並列処理アーキテクチャ

複数のCPUを用いて高速な計算機を設計するアプローチを並列処理と呼ぶ．ノイマン型計算機の性能限界を打ち破るには並列処理は不可欠であり，並列処理のアイデアは計算機が開発されてすぐに提唱されていた．本章では，並列処理アーキテクチャのさまざまな構成法について学ぶ．

8.1　並列処理の概要

1．並列処理の歴史

Illiac Ⅳ：イリノイ大学が開発した64台規模の並列プロセッサ．

並列処理の概念は1950年代から提唱されていた．1960年代には大規模な並列処理計算機開発プロジェクトにより**Illiac Ⅳ**が開発された．これにより，並列処理ソフトウェアの多くの研究が行われるようになった．1970年代にはミニコンピュータが普及し，大学などの研究機関でも並列計算機の構築が可能となり，並列処理の研究開発が活発化した．

対称型プロセッサ(SMP)：Symmetric Multi-Processor

1980年代にはマイクロプロセッサ技術の進展に伴いプロセッサのコストが低下し，バス結合型マルチプロセッサの商用機が登場した．バス結合型マルチプロセッサはバスを経由してアクセスできる共有メモリをもち，**対称型マルチプロセッサ（SMP）**とも呼ばれている．

SMPではバスの制約により実装されるプロセッサ数に限界があるが，80年代後半にはこの限界を打ち破る方式として，ネットワーク結合型並列プロセッサの商用機が登場した．ネットワーク結合型並列プロセッサでは，プロセッサ台数が多くできるため**超並列プロセッサ（MPP）**と呼ばれている．

超並列プロセッサ（MPP）：Massively Parallel Processor

90年代後半よりLAN技術の進展に伴い，EWSやPCなどのコンピュータを高速ネットワーク接続して並列処理を行わせる**クラスタ**が登場した．MPPでは大規模な並列システムをコンパクトに実装するため，独自の専用ハードウェアの開発が必要となり，開発コストがかかるため高価であったが，PCクラスタは安価な汎用部品の組合せで構築できるため，コストパーフォーマンスが大幅に向上し，手軽に並列処理を行うことが可能になった．

クラスタ：cluster

同時に，この時期には並列ソフトウェアの標準化が進んだ．FORTRANの並列拡張を目指した**HPF**，分散メモリ型並列マシン向けのメッセージ通信ライブラリとしての**MPI**，指示文によりC言語やFORTRANの並列化を行う**OpenMP**などの標準化が進み，広く利用されるようになった．

HPF：High Performance FORTRAN

MPI：Message Passing Interface

OpenMP：Open Multi-Processing

2000年代になると，1チップ内に複数個のプロセッサを搭載する**マルチコア**が普及し，PCにも搭載されるようになった．また，チップ内のプロセッサ台数を増やした**メニーコア**と呼ばれるものも登場した．

マルチコア：multi core

メニーコア：many core

2010年代には，グラフィックス用チップである**GPU**を汎用並列処理プラットフォームとして利用する環境が実現された．GPUには1 000を超えるコアが内蔵されており，超並列の世界がPC上に実現できるようになった．

GPU：Graphic Processor Unit

このように，Illiac Ⅳから始まる50年間の歴史を踏まえながら，並列処理の根幹となるアーキテクチャ技術について説明する．

Column　マルチコア，メニーコア

マルチコアとは，1つのLSIパッケージの中に複数のコア（プロセッサ）を含むものをいい，コア数が多いものを**メニーコア**ともいう．マルチコアが進む背景として，2000年代の初頭にLSIの集積度の向上に伴った単一プロセッサの性能向上を目指

すアプローチに限界が見えてきたことが挙げられる．この主な要因としては，クロック周波数の向上による消費電力の増加が限界に達したこと，スーパスカラプロセッサによる命令レベル並列処理の抽出が限界に達したことなどが挙げられる．また，PCにおいて，Webや動画再生などマルチスレッドの利用が進んだこともマルチコア化の要因の1つである．2004年に，インテルは新規プロセッサ開発をマルチコア化にする方向に大きく舵を切った．

マルチコアの代表例の1つに，2006年にIBM，ソニーコンピュータエンターテインメント，東芝が共同開発したCellプロセッサが挙げられる．Cellは1つの汎用プロセッサと8個のシンプルな専用プロセッサをチップ内にもち，PlayStation3に搭載された．ゲームのグラフィックス処理にマルチコアの威力を発揮した．最新のインテルの製品では，72コアを搭載したチップが発表されている．

マルチコアには，**ホモジニアス**なプロセッサ構成と，**ヘテロジニアス**なプロセッサ構成の2つのタイプがある．Cellはヘテロジニアスな構成の例であり，インテルのCoreプロセッサはホモジニアスな構成である．マルチコアの基本技術は，後述する共有メモリ型並列処理や分散メモリ型並列処理と同じであるが，クロックゲーティングやパワーゲーティングを行うなど消費電力の低減化に工夫を凝らしている．ARMプロセッサでは，高速コアと低速コアを組み合わせ，用途に応じて使い分けることにより消費電力の低減を行っている．

2. 並列処理の分類

ホモジニアス：homogeneous

ヘテロジニアス：heterogenious

M. J. Flynn：Michael J. Flynn

並列処理マシンにはさまざまな方式があるが，それらをいくつかの観点から分類することができる．

(a) 命令流，データ流による分類

並列処理の古典的な分類法として，**M. J. Flynn**による分類が有名である．M. J. Flynnは，並列処理の命令とデータの流れに着目し，以下の4種類に分類した．

- **SISD**（Single Instruction stream Single Data stream）
- **SIMD**（Single Instruction stream Multiple Data stream）
- **MISD**（Multiple Instruction stream Single Data stream）
- **MIMD**（Multiple Instruction stream Multiple Data stream）

SISDは，命令の流れ，データの流れともに単一である方式であり，通常の逐次計算機がこれに相当する．なお，第7章で述べたスーパスカラ方式，VLIW方式はCPU内部で命令が並列処理されているが，命令の流れは単一なので通常はSISDに分類される．

SIMDには，空間的並列性を利用する方式と時間的並列性（パイプライン）を利用する方式がある．空間並列方式では多数の演算器を備え，単一の命令ですべての演算器を制御する．GPUがこれに相当する．時間並列方式はベクトルプロセッサが相当する．行列計算や画像処理では，多数のデータに対して同一演算を行うことにより高速化が可能となる．いずれの方式においても，SIMD方式では並列処理される部分の比率を高めることが重要である．

MISDに該当する並列計算機は存在しないという考え方が主流である．

MIMDは独立したCPUが互いに通信しながら処理を進める方式であり，最も一般的な並列処理方式である．以下では，MIMD方式を中心に説明する．

(b) 並列処理の対象に着目した分類

並列処理の対象として，以下の3つの分類がある．

・命令並列
・データ並列
・プロセス並列

命令並列は，スーパスカラやVLIWのように，複数命令の並列処理である．これは前述のように命令の流れは単一なので，Flynnの分類ではSISDに属する．

データ並列は，大規模なデータを分割して並列に処理する方法であり，科学技術計算でよく用いられる．処理内容は均質なのでSIMD型プロセッサに適するが，MIMD型コンピュータでも同一のプログラムでデータを分散させれば実行できる．このような方式は，**SPMD**と呼ばれている．

SPMD：
Single Program Multiple Data stream

プロセス並列は，プロセッサごとに異なるプロセスを実行させる方式である．最も柔軟な並列処理ではあるが，1つのプログラムを並列に動作する多数のプロセスに分割し，性能を大幅に向上させることは一般に困難である．

(c) メモリ共有に着目した分類

MIMD方式におけるプロセッサのメモリ共有に関する分類法が提唱されている．

・**UMA**（Uniform Memory Access model）
・**NUMA**（Non Uniform Memory Access model）
・**NORA**（NO Remote Memory Access model）

UMAはすべてのプロセッサがメモリ空間を共有し，メモリアクセスの速度がどのプロセッサからも均一である方式である．NUMAはすべてのプロセッサがメモリ空間を共有するが，メモリアクセス速度はメモリの位置により異なる（均一でない）方式である．NORAはすべてのプロセッサが独立したメモリをもち，メモリ空間を共有しない方式である．

UMA，NUMA，NORAの構成例を図8.1に示す．UMAの代表例はバス結合された並列マシンである．すべてのプロセッサはバスを経由して共有メモリにアクセスするため，アクセス速度は均一である．NORAの代表例はネットワーク結合された並列マシンである．各プロセッサはローカルなメモリをもち，他のプロセッサのメモリには直接アクセスせず，メッセージ通信により処理を進める．NUMAはこの中間的な方式であり，ネットワーク結合されたプロセッサがメモリ空間を共有する．他のプロセッサに属するメモリへのアクセスはネットワークを経由するため自プロセッサのローカルメモリに比較してアクセスが遅い．このようにネットワーク経由で共有メモリを実現する方式を**分散共有メモリ**とも呼ぶ．

分散共有メモリ：distributed shared memory

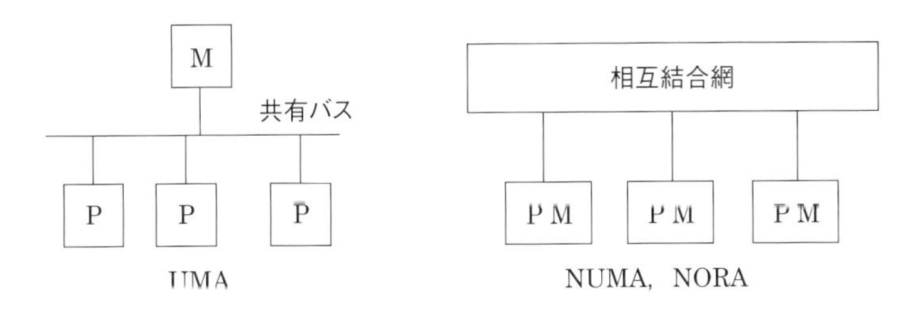

Pはプロセッサ，Mはメモリを表す
図8.1　UMA，NUMA，NORAの構成

(d) 結合の度合いによる分類

プロセッサ間の結合の度合いによる分類として，以下のような分類が可能である．

① **密結合**：プロセッサ間がバスを介して結合される方式．上記のUMAに相当する．

② **疎結合**：プロセッサ間がネットワークを介して結合される方式．上記のNUMA，NORAに相当する．

③ **クラスタ**：疎結合の一種であるが，独立した計算機群をネットワークにより結合される方式

また，密結合されたものをマルチプロセッサ，疎結合されたものをマルチコンピュータと呼ぶこともある．

(e) リソース共有による分類

データベース処理における並列処理では，図8.2に示すように共有リソースに関して，**shared nothing**, **shared disk**, **shared everything**の3つに分類される．データベース処理ではディスクアクセスをいかに減らすかが重要であり，ディスクのみを共有するという特有の形態がある．

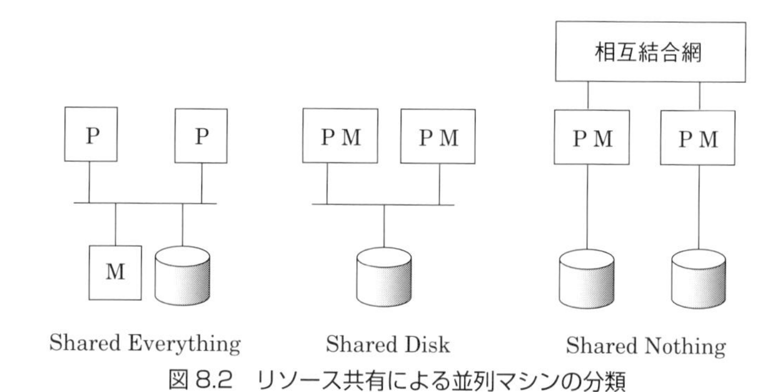

図8.2　リソース共有による並列マシンの分類

3. 並列処理の性能

並列処理の性能に関して，第1章で述べた**アムダールの法則**がよく知られている．これを並列処理に置き換えると，「並列処理による効果は並列化できない部分により制限される」となる．式で表すと，以下のようになる．

$$T_1 = s + p$$

$$T_n = s + \frac{p}{n}$$

$$E(n)=\frac{T_1}{T_n}=\frac{s+p}{s+\dfrac{p}{n}}$$

ここに，T_1：1 台での実行時間（ここでは 1 とする）

T_n：n 台の並列処理での実行時間

p：T_1のうち，並列処理される部分の実行時間の比率

s：T_1のうち，逐次処理される部分の実行時間の比率

$E(n)$：n 台での並列処理の効果

どのようなプログラムでも逐次処理の部分を含む．

ここで，$s=0.1$，$p=0.9$，$n=1\,000$ とすると

$$E(1\,000)=\frac{0.1+0.9}{0.1+0.0009}=9.91$$

となり，逐次処理部分が 10 % ならば，並列度が大きくても 10 倍以上高速化することはできない．

グスタフソン：John Gustafson

一方，これに対して**グスタフソン**は，p と s の定義を変えて以下の式で表した．ここでは，$T_n=1$ とする．

$$T_1=s+np$$

$$T_n=s+p$$

$$E(n)=\frac{s+np}{s+p}$$

ここに，p：T_nのうち，並列化された部分の実行時間の比率

s：T_nのうち，逐次処理の部分の実行時間の比率

この式は，並列処理の規模に応じて解くべき問題の規模が決まり，並列処理でのトータルな実行時間は一定になることを前提としている．また，逐次処理部分の実行時間の比率 s は n に依存しないことを前提としている．この式に $s=0.1$，$p=0.9$，$n=1\,000$ を代入すると，並列処理による効果は次のようになる．

$$E(1\,000)=\frac{0.1+1\,000\times 0.9}{0.1+0.9}=900.1$$

すなわち，1 000 台の並列処理で 900 倍の性能向上が期待できる．アムダールのモデルとグスタフソンのモデルは前提が異なるので単純に比較はできないが，グスタフソンのモデルは大規模並列処理に好意的なモデルということができる．

8.2　ベクトルアーキテクチャ

ベクトルプロセッサ：vector processor

過去の4半世紀は**ベクトルプロセッサ**がスーパコンピュータの代名詞であった．ベクトルプロセッサは大規模配列データをパイプライン演算器によって高速処理し，特に科学技術計算に性能を発揮する．本節では，ベクトルプロセッサの構成方式である**ベクトルアーキテクチャ**の概要を述べる．ベクトル処理，パイプライン処理，ベクトル命令の並列処理，ベクトル条件処理に関して説明する．

1. ベクトル処理とは

科学技術計算分野のアプリケーションはFORTRANで書かれていることが多く，その中でも一番走行時間が掛かるのはDO LOOPであり，これを高速処理することが課題である．DO LOOP処理は同じプログラムで配列として置かれた多数のデータを繰り返し処理する．このような処理を**ベクトル処理**と呼ぶ．ベクトル処理はSIMD処理の1つである．

ベクトル処理：vector processing

ベクトル処理を高速に実行する計算機をベクトルプロセッサという．

プログラム8.1にDO LOOPの例を示す．

プログラム8.1

```
DO  I=1,100
A(I)=B(I)+C(I)*D(I)
END  DO
```

このループをスカラプロセッサで動作させる場合には，図8.3に示すように，11個の命令を繰り返し実行する．

一方，ベクトル処理は，パイプライン型の演算器に一気に1から100までのデータを流し込み，できるだけ100クロックに近い時間で実行を完了させようとするものである．ベクトルプロセッサは，ベクトル命令をもち，上記の処理を実行するベクトルロード，ベクトル加算，ベクトル乗算，ベクトルストアでは1つの命令で100個のデータを指定することができ，パイプライン演算器に次々にデー

```
DO  I=1,100
A(I)=B(I)+C(I)*D(I)
END  DO
```

```
LOOP: LW    $11,0($3)      //C[I]
      LW    $12,0($4)      //D[I]
      MUL   $13,$11,$12
      LW    $14,0($2)      //B[I]
      ADD   $15,$13,$14
      SW    $15,0($1)      //A[I]
      ADDI  $1,$1,4
      ADDI  $2,$2,4
      ADDI  $3,$3,4
      ADDI  $4,$4,4
      BLE   $1,$5,LOOP
```

図 8.3　DO LOOP の例

タを投入することができる．各ベクトル命令は，それぞれ上記のループ処理を単体命令で完結している．したがって命令の繰返し実行は必要ない．多重の DO LOOP の入れ子構造をもつプログラムでは最内ループはベクトル命令で処理され，命令のループ回転は 1 つ減ることになる．具体的なベクトルプロセッサの動作を次項に説明する．

Column　スーパコンピュータとは

スーパコンピュータといえば，流体力学などに使われる偏微分方程式の解法，構造解析用の有限要素法など，いわゆる科学計算に使われる計算機の最高速コンピュータを指す．

米国では，1976 年に **CRAY-1**（クレイ社が開発したベクトルプロセッサ）が出荷され，ベクトルプロセッサの商用化が本格化した．日本では，1977 年に最初のベクトルプロセッサとして富士通から **FACOM230-75APU**（Fujitsu Automatic Computer 230-75 Array Processor Unit）が出荷された．1983 年に富士通と日立が VP-100，S/810 を出荷し，やや遅れて日電も参入して，3 社で商用のスーパコンピュータが開発された．

スーパコンピュータは 1970 年代の半ばから 1990 年代半ばまで 20 年ほど，単体ベクトルプロセッサの時代であった．1990 年代に入るとベクトルプロセッサ単体での性能ではユーザ要求を満足できず，ハードウェア価格も低減したため，ベクトルプロセッサ型でも複数プロセッサを実装した**ベクトル並列システム**（**VPP**：Vector Parallel Processor System）へと発展した．航空宇宙研究所の **NWT**（numerical Wind Tunnel. 航空宇宙研究所が計画したスーパコンピュータ．富士通が設計開発を担当．Fujitsu VPP シリーズの原型）は，1996 年に世界一の性能を達成したことで有名である．2002 年には日本の**地球シミュレータ**が再度世界一の性能を達成した．

現在のスーパコンピュータは，並列処理システム方式（プロセッサレベルではMIMD方式）となっており，その構成要素としてはベクトルプロセッサ，スカラプロセッサの両者がある．ともにプロセッサをたくさん並べて相互間を結合ネットワークで結合している．

2. ベクトルプロセッサ

ベクトルレジスタ：vector register

VP-200：富士通が開発したスーパコンピュータ．

ベクトルプロセッサには**ベクトルレジスタ**と呼ばれる大容量のレジスタがある．図8.4に筆者らが開発した**VP-200**のシステム構成を示す．

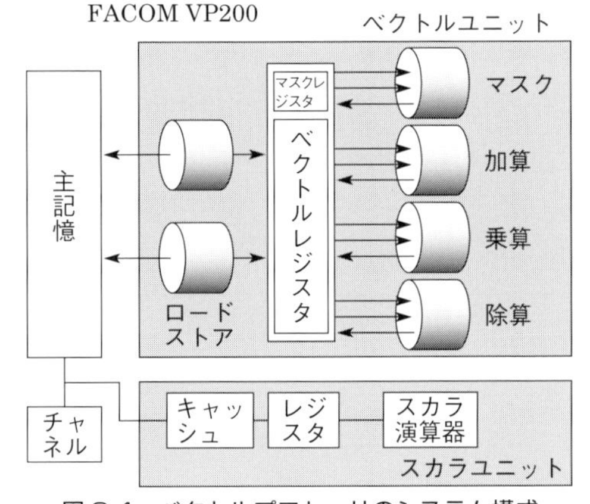

図8.4　ベクトルプロセッサのシステム構成

VP-200には，64 KB（キロバイト）の容量をもつベクトルレジスタファイルがあり，256個のベクトルレジスタを分割指定できる．1つのベクトルレジスタは32個の64ビットデータからなる．ベクトルデータの長さを**ベクトル長レジスタ**で指定する．複数のベクトルレジスタを連結して最大1 024までのベクトル長を指定できる．

ベクトル長レジスタ：vector length register

マスクレジスタ：mask register

また，条件付き演算用に同様な構成の**マスクレジスタ**をもっている．マスクレジスタの個々のデータは真偽を示す論理データ，1ビットである．

ベクトルユニットは2本のロードストア，1本ずつの加算，乗算，除算，マスク演算用の合計6本のベクトルパイプライン演算器をもち，これらが並列に動作して，ベクトル演算を実行する．システム全体の命令制御とスカラ演算を行う**スカラユニット**がある．主記憶には2本のロードストアパイプラインとスカラユニットのキャッシュとチャネルからアクセスするバスがつながれている．

先に述べたようにベクトルプロセッサとスカラプロセッサとはDO LOOPの処理の仕方が異なる．

図8.3で述べたようにスカラプロセッサでは同じインデックスでDO LOOPを1つ実行し，インデックスを1つプラスして，同じLOOPを繰り返す．つまりI=1としてC(I)のロード，D(I)のロード，それらの乗算，B(I)のロードと乗算結果との加算，それをA(I)にストアする．次にI=2として同様の動作の繰返しとなる．

一方，同じプログラム8.1をベクトル処理で実行すると，1つのベクトル命令でIを1から100までのデータを演算し，100個の演算を完了させる．その後連続するベクトル命令はそれぞれ命令ごとに100個のデータを処理する．2つのベクトルロード命令によってC(1)～C(100)，D(1)～D(100)を主記憶からベクトルレジスタに取り込み，それらをベクトル乗算命令によって乗算し，ベクトルロード命令でB(1)～B(100)を別のベクトルレジスタに取り込み，ベクトル加算命令によって先の乗算結果と加算する．その結果をA(1)～A(100)にベクトルストア命令で主記憶に書き込む．こうしてDO LOOPの処理を完了させる．さらに，ベクトル命令相互間では命令実行のオーバラップをすることができ，さらに実行時間を短縮することができる．

スカラプロセッサではIを設定してDO LOOP内の演算処理を完了させ，大きく回転してから次のIに移る．ベクトルプロセッサでは個別ベクトル命令単位でIを回転させ演算処理を終了させる．後続のベクトル命令をそれぞれ実行して，DO LOOPを処理していく．つまり，スカラプロセッサが縦割りにDO LOOPを実行するとすれば，ベクトルプロセッサは横割りに実行することになる．

ベクトルロード命令：
vector load
instruction

ベクトルロード命令（**VLD**）では，ベクトル長分の個数のデータを繰り返し主記憶からベクトルレジスタにもってくる．

図8.5では，主記憶へのロードアクセスは途中段階がパイプラ

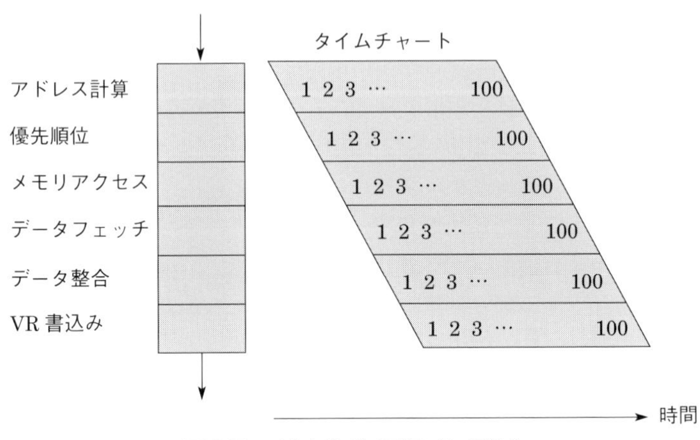

図 8.5　ベクトルパイプラインの動作

イン回路になっていて，アドレス計算，優先順位決定回路，メモリアクセスアドレス転送回路，データフェッチ回路，データの整合回路，ベクトルレジスタ（VR）への書込み回路など，順次各回路を経由して，データをパイプライン的に流れ作業として伝送する．1から100までのデータが各段を流れていき，同時に6個のデータが処理されている．これがベクトルロードパイプラインの動作原理である．ベクトル命令の実行時間はパイプライン段数をN，ベクトルデータ長がLとすれば，$N+L-1$クロックである．このときNをベクトルパイプラインの**立上り時間**ともいう．

ベクトル加算命令：vector add instruction

ベクトル加算命令ではベクトルレジスタに載っているベクトル長分の長さのデータを繰り返し演算して，結果をベクトルレジスタに入れる．加算パイプラインでもレジスタの読出し，指数差の計算，指数差分の桁合せ，仮数の加算，結果の正規化，指数の正規化分の整合，レジスタへの書込みなどのステージを経由して，パイプライン処理が実行される．このデータパイプラインについてはすでに第6章で述べた．

3. ベクトル命令制御

ベクトルプロセッサでは複数の**ベクトルパイプライン**（ロードストア，加算，乗算，除算，マスク演算など）を同時並列に動かして，ベクトル命令間で同時並列実行を行って，性能を引き上げている．VP-200 の**ベクトル命令制御パイプライン**を図 8.6 に示す．

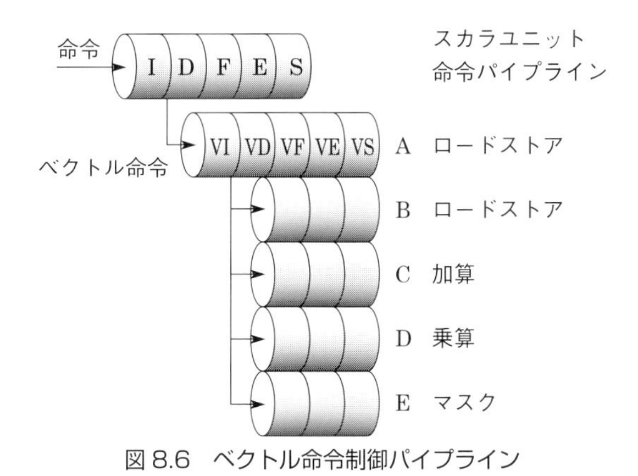

図 8.6 ベクトル命令制御パイプライン

スカラユニットはベクトル命令を検出すると，これをベクトル命令制御パイプラインに渡す．ベクトル命令制御パイプラインは，次々と送られてくるベクトル命令を，A から E までのベクトルパイプライン制御回路に投入する．A，B は 2 本のロードストア用，C，D，E は加算，乗算，マスク演算用である．VI，VD ステージで，ベクトルレジスタの競合チェックを行い，依存関係があれば待たせるが，独立な命令はそれぞれの命令パイプラインで同時並列に実行が可能である．それぞれの命令制御パイプラインは 3 ステージ VF，VE，VS の制御が可能であり，それぞれベクトルデータ読出し，ベクトル演算実行，ベクトルデータ書込みステージを示している．つまり各命令制御パイプラインは 3 つのステージによってそれぞれ 3 つのデータを処理可能である．つまり，各パイプライン演算器をさらにパイプライン的に制御している．

VP-200 では，ベクトルレジスタの書込み後の読出し依存関係があったときでも，命令のオーバラップ並列実行が可能である．書込み側ベクトルレジスタの 1 番目のデータが書き込まれたタイミングの直後に別の命令の読出し側ベクトルレジスタの 1 番目のデータを処理すれば，2 番目以降のデータは次々に前のデータを追いか連結処理：
チェイニング（Chaining）ともいう．

けて処理されるので，依存関係は正しく処理される．これをベクトル命令間の**連結処理**という．VSステージに到達してベクトル命令の実行が完了すると，これをスカラユニットに報告する．スカラユニットは逐次命令処理を行っているので，プログラム実行順序どおりに命令終了を通知する．ただしベクトルユニットの内部では，命令の追越し制御が行われている．

図8.7にプログラム8.1のベクトル命令の実行タイムチャートを示す．図中の菱形は図8.5の菱形と同じ意味である．

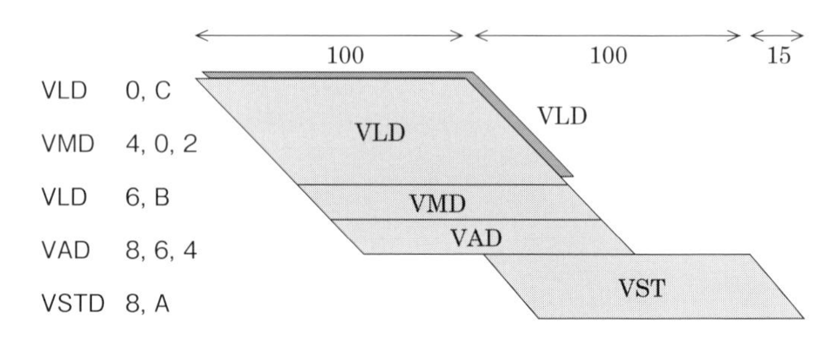

図8.7　DO LOOPベクトル処理

VP-200はロードストア，乗算，加算パイプラインを連結して動作させる．図8.7ではプログラム8.1のDがすでにベクトルレジスタ2に入っていることを仮定する．ベクトルロード命令（VLD）によってベクトルデータCがベクトルレジスタ0に入ると連結動作として，**ベクトル乗算命令**（VMD）が起動され，ベクトルレジスタ0と2を読み出されて入力データとして使われる．ベクトルレジスタ0は，ベクトル乗算命令の読出しレジスタとして依存関係があるが，ここでは連結処理ができる．VLD命令の菱形の左下とVMD命令の左上がつながっているのはこの連結処理を示している．

ベクトルロード命令は2本同時に動くことができるので後続するベクトルロード命令も起動される．図8.7では，2番目のベクトルロード命令はプログラム上の順序では乗算命令の後で実行することになるが，先行する2命令とは独立に実行できることをハードウェアで検出して，順序入換えで追越し実行をしている．

ベクトルロード命令を実行して，結果データBがベクトルレジスタ6に入ると，乗算結果のベクトルレジスタ4も入力として，これらを読み出し，**ベクトル加算命令**（VAD）が発信される．ここでは，各命令は1番目のデータが用意されればすぐに命令が発信できる．1番目のベクトルデータから100番目のデータまでは連続して実行されるので，図8.7のようにベクトル命令は100クロック連続に動作する．したがってベクトルロード命令，乗算命令，加算命令はオーバラップして連結動作している．それぞれの菱形が上下につながっているのはこの連結を示している．加算結果がベクトルレジスタ8に書き込まれるとベクトルストア命令は発信可能になるが，ベクトルロード・ストアパイプラインは2本しかないので，最初のベクトルロード命令の動作終了時点でベクトルストア命令が起動される．ベクトル命令の立上り時間はそれぞれの命令に存在するが，図8.7では最後のストア命令の分15クロックだけが陽に見え，ほかは吸収されている．この例は，スカラプロセッサで実行すると約1 900クロック掛かる．ベクトルプロセッサは215クロックなので，約9倍の性能を実現できる．これがベクトルプロセッサの**性能向上原理**である．

性能向上原理：より正確には，実際のメモリアクセス時間，メモリ制御回路の優先順位論理や，スカラプロセッサにおけるキャッシュミスの影響も考慮しなければいけない．

一般的にベクトル命令の性能向上率，立上り時間，ベクトル化率の間には図8.8に示すような関係がある．これをベクトル性能に関

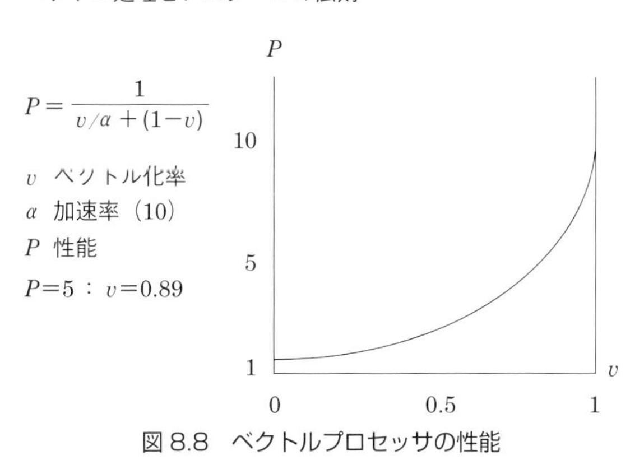

図8.8 ベクトルプロセッサの性能

する**アムダールの法則**と呼ぶ．

プログラム全体の性能はベクトル命令単体性能がいくら高くても，ベクトルで処理できない（スカラ性能）部分の影響力が大きく，十分な性能向上が得られないことを示す．図 8.8 では加速率 α が（ベクトル化による性能向上率）10 倍でも，全体性能 P を α の半分の 5 倍を達成するにはベクトル化率が 89 %とすることが必要であることを示している．95 %で約 7 倍である．したがって，次項に述べる条件処理などベクトル化を高めること，さらには命令制御で立上り時間を吸収することが重要である．

条件付きベクトル処理：
conditional vector processing

4. 条件付きベクトル処理

条件付きベクトル処理は，マスク処理機能によって実現される．以下の例で解説する．

```
DO I=1.4
IF(A(I).GT.3)  THEN
E(I)=A(I)+B(I)
ELSE
E(I)=C(I)*D(I)
END IF
END DO
```

IF 文はベクトル比較命令によって実行され，大小比較の真偽結果がマスクレジスタ MR4 に置かれている．

マスク処理機能：
mask operation
（ベクトル命令でマスクレジスタを指定すると入力データとともにマスクレジスタが読み出され条件処理を実行する．）

図 8.9 では始めにベクトル加算命令を実行するが，併せて**マスク処理機能**を同時に行うことを示している．マスク処理機能はベクトル命令の演算結果をマスクレジスタの内容によって真の場合に結果ベクトルレジスタの内容を入れ換え，偽の場合には元の値そのままにする機能である．すなわち，ベクトルレジスタ VR2(I) に入っている A(I) とベクトルレジスタ VR3(I) に入っている B(I) を加算した結果を，マスクレジスタ MR4(I) の値が 1 であれば，ベクトルレジスタ VR1(I) の結果を加算結果に入れ換え，0 であれば VR1(I) の元の値を保持する．その後，ベクトル乗算命令を実行する．

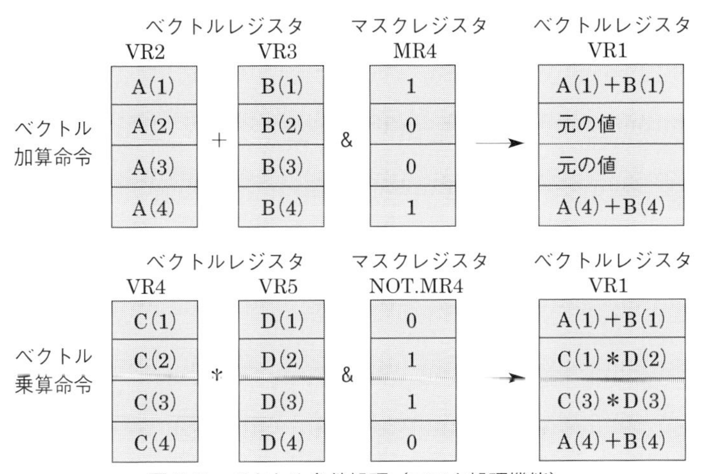

図 8.9　ベクトル条件処理（マスク処理機能）

ベクトル乗算命令は，ベクトルレジスタ VR4(I)に入っている C(I)とベクトルレジスタ VR5(I)に入っている D(I)とを乗算し，同時にマスク処理機能を行う．このときはマスクレジスタ MR4(I)に入っている条件の否定（NOT）をマスク条件とする．VR1 は加算命令と同一レジスタとする．マスク処理機能によって，VR1(I)には先ほどと逆の位置に乗算結果が入り，加算命令で入った値はそのまま保持される．これでベクトルレジスタ VR1(I)には最終結果 E(I)ができ上がる．このように DO LOOP に条件（IF）文を含むプログラムのベクトル処理は，マスク処理機能で実現できる．このとき注意すべきは，ベクトル演算命令は，すべてのデータを計算することであり，マスク条件が 0 の場合，計算済みのデータを書き込まないで演算を実行しなかったように振る舞うことである．ベクトルプロセッサでは個々のデータ対応に命令の実行　非実行を制御するより，ベクトル命令全体，つまりすべての I に対するデータを連続的に演算パイプラインに流したほうがはるかに速いのである．さらに，加算，乗算の 2 系列の命令を両方とも，投機的に実行させ，どちらの結果を選択するかをマスク処理機能で動作させたほうが効率的である．

以上のように，DO LOOP 内での IF 文条件処理のベクトル処理が可能になったため，大幅な性能向上が得られた．しかもコンパイラが自動的なベクトル化を行ったため，多くの既存のアプリケーションもベクトル処理することができ，高速化された．ベクトルコンパイラは自動ベクトル化を実現し，ハードウェア性能を有効に引き出したため，ベクトルプロセッサは多くの科学技術計算ユーザに受け入れられた．

最近のスカラプロセッサでも条件実行命令が実装され，分岐命令を用いないで条件処理を高速実行するようになったことは，6.6 節に述べた．

5. ベクトルプロセッサのメモリシステム

なぜスカラプロセッサに比べてベクトルプロセッサが速いのかというと，最も大きな理由はメモリ転送能力の差であると思われる．もちろん演算器そのものがパイプライン構造をとっており，1 クロックサイクルごとに演算結果を生み出すことが大きな差ではある．

さらに **VP-200** では，ベクトルパイプラインを物理的に 2 個並列に置いて，それぞれ偶数・奇数番目のデータを同時実行する方式を採用した．これはメモリ転送能力を倍増させる必要があったが，これにより，スカラプロセッサに比べてさらに演算処理能力を高めることとなった．この物理的演算器の並列化は後に CRAY X-MP にも適用された．

現状のベクトルプロセッサでは，ベクトルパイプラインを複数個，多いものでは 16 個のベクトルパイプライン演算器を並列同時に動作させているため，メモリアクセス転送能力をさらに大きくしなければならない．こうして，スカラプロセッサとの性能差がさらに広がった．

ベクトルプロセッサでは，ベクトル処理用のデータを主記憶から直接取ってきて直接書き込む方式を採用している．一方，スカラプロセッサはキャッシュメモリを利用した主記憶アクセスをしているため，データがキャッシュにない場合には主記憶にデータを取りに行くための大きな時間ロスを引き起こしてしまう．ベクトルプロセッサはこのメモリへのアクセスタイム分の遅れをうまく回避できるアーキテクチャである．ベクトルロード命令は最初のデータをもってくるのに，スカラプロセッサと同等なアクセスタイムの遅れが生じる．しかし，その次のデータを1クロック違いで追いかけてデータアクセスを行い，その後次々と連続してデータアクセスが生じるので，後続データにはメモリアクセスタイムの遅れは生じない．一連のベクトルロードに対し1回の遅れが発生するだけなので，1データあたりの遅れの影響を減少させることができる．その1データあたりの影響は，メモリアクセスタイムをベクトルデータ長で割った値となる．図8.7では，ベクトルロード命令ではアクセスタイム6クロックに対し，100個のデータで割った0.06クロックである．ただし，図8.7は動作原理を説明するため，メモリアクセスタイムを小さくしているが，実際の機械のメモリアクセスタイムは30〜50クロックとなる場合が多く，データ1個あたりの影響度は0.3〜0.5と大きい．そのうえ，16個のベクトルデータを並列に演算実行している最近のベクトルプロセッサでは，メモリアクセスタイムが480〜800個のデータ分のベクトル演算処理時間に相当する．この影響は非常に大きいので，ベクトル長をもっと大きくしたり，命令の連結実行をしたりしてメモリアクセスタイムの影響を吸収しなければならない．したがって，メモリアクセスタイム低減・吸収は設計上の大きな課題である．

ストライドベクトルロードストア：
stride vector load store

リストベクトルロードストア：
list vector load store

さらに，ベクトルプロセッサでは，飛び飛びの一定のアドレス間隔によりデータをアクセスする**ストライドベクトルロードストア**や，間接アドレッシングによりデータにアクセスする**リストベクトルロードストア**用に専用処理回路をもっている．個々のベクトルデータを個別にアクセスするための工夫が専用回路として用意されているので，スカラプロセッサに対して性能向上が大きい．

ベクトルプロセッサはメモリとベクトルレジスタ間でベクトルデータを直接に転送するため，メモリ転送スループット要求は非常に大きい．単にメモリ転送量を増大させることは，バスの太さや本数などのハードウェアの増加につながる．設計者からみれば，このためベクトルデータをベクトルレジスタに保持すれば，メモリへの直接アクセス頻度が軽減され，性能向上と併せてハードウェア量を少なくすることができ，利点が大きい．VP-200では，ベクトルレジスタはレジスタ番号でプログラム指定可能なベクトルデータ用のバンク：
bank（主記憶装置を適切な大きさの塊にする．その塊を読み書きの単位として，並列動作を行うことで，データ転送能力を高める．）

インタリーブ：
interleave（複数の記憶装置（メモリバンク）をまたぐようにメモリアドレスを割り当て，読み書き動作を同時並行に行う方式．ベクトルプロセッサでは512個のバンクでインタリーブすることがある．）

大容量のキャッシュのような位置づけであり，性能改善に大きな効果がある．

とはいえ，最近のベクトルプロセッサでは，上記のように16個のベクトルパイプラインを同時実行させるため，ベクトルロードストアパイプラインのデータ転送能力を極端に大きくする必要がある．演算性能を16 GFLOPSと仮定すると64ビット演算では最低16×8バイト＝128 GB/sのスループットが必要になる．メモリのサイクルタイムを50 nsと仮定すると8バイト幅のメモリバンクを320個必要とする．メモリバンクの個数は，2のべき乗の数が回路構成上都合が良いので，**512バンク**のメモリインタリーブ数が必要である．プロセッサごとにこれだけの物量が必要である．さらに，共有メモリのマルチベクトルプロセッサシステムではプロセッサの数を掛けた**インタリーブ**数が必要となる．したがって，16個の並列パイプラインはベクトルプロセッサの上限である．

Column　地球シミュレータ

地球シミュレータは，地球規模の気候変動や地層/地殻変動メカニズムなどをシミュレーションで解明するために科学技術庁のプロジェクトとして開発されたベクトル型並列スーパーコンピュータである．8台のベクトルプロセッサからなる計算ノードを高速ネットワークで640台つないだもので，総プロセッサ数は5 120個，ピーク性能は40 TFLOPSである．また，Linpackベンチマークにおいて35.86 TFLOPSの実効性能を記録している．地球シミュレータは2002年に完成し，2002年から2004年まで世界最高速のコンピュータであった．

8.3　GPU

1. GPUとは

GPUとは，3次元グラフィックス専用のプロセッサである．3次元グラフィックスの処理は，頂点の座標変換やピクセルのライティング処理のため，大量の行列演算を必要とする．PC上でのゲームの普及により，高精細な画像のリアルタイム処理が求められてきた．1999年に，NVIDIA社がGeForce256において3次元座標変換とライティング処理を1チップ化し，これをGPUと名づけた．この名称が一般化したものである．

2008年，NVIDIA社はGeForce8000において，浮動小数点演算の採用やアーキテクチャの汎用化を進め，さらにCUDAと呼ばれるプログラミング環境を整備して**GPGPU**への道を切り開いた．さらに，2010年代にはディープラーニングが注目を浴び，ディープラーニングを高速化するためにGPUの利用が広まっている．

GPGPU：
General Purpose Computing on GPU

GPUには，さまざまな形態のものが存在する．スマートフォンに搭載されるもの，CPUチップに内蔵されるもの，独立したプロセッサとしてCPUに付加されるものなどが存在する．本節では，ハイエンドの形態について説明する．ハイエンドのGPUは，世界最高性能を競うスーパコンピュータにも用いられている．

2. GPUの特徴

GPUは，3次元グラフィックスの高速化から派生したアーキテクチャであり，3次元グラフィックス処理の特徴を生かしたアーキテクチャとなっている．主な特徴について説明する．

① 大量の演算器の搭載

3次元グラフィックスの座標変換では，頂点を表す4次元ベクトルと4×4の変換行列の積が中心である．この処理は，すべての頂点に対して同一の処理であり，頂点の処理間に依存性がないため，頂点数分のSIMD型並列処理が可能である．GPUでは数千台の演算器を搭載して高速化している．

SIMT：
Single Instruction Multiple Thread

② SIMT

GPUでは，各頂点の処理に異なるスレッドを割り当て，スレッドレベルでの並列処理を行う．スレッドの内容は同一であるため，スレッドに含まれる単一の命令を多数のスレッドで並列に実行することにより，命令制御を簡略化している．この方式を**SIMT**と名付けている．また，1つの演算器に多数のスレッドを割り当て，クロック単位でスレッドの実行を切り換えることにより，メモリアクセスや演算の遅延を隠蔽することができ，効率良い並列処理が可能となる．

③ 高バンド幅のメモリ

SIMTでは，多数のスレッドによる並列演算に見合ったメモリのバンド幅が必要である．そのため，GPUのメモリはレイテンシよりもバンド幅を重視したものとなっている．実際に用いられているものは**GDDR**というメモリであり，CPUで用いられるDDRに比べて10倍程度の高バンド幅をもつ．また，ハイエンドのGPUではさらにバンド幅を高めるため，DRAMの3次元実装を用いた**HBM**も用いられている．

GDDR：Graphics Double Data Rate

HBM：High Bandwidth Memory

④　条件実行機能

ベクトルプロセッサにおけるマスク処理と同様に，GPUではプレディケートによる条件実行機能が用意されている．2つのデータを比較した結果をプレディケートレジスタに格納し，プレディケートレジスタの値により後続の命令を実行するか否かを制御する．これにより，柔軟なSIMT実行が可能となる．

⑤　共有メモリ

一定数の演算器ごとに**共有メモリ**が備わっている．これにより，スレッド間のデータ交換が行われる．ただし，メモリアクセスは一斉に行われるため，同一アドレスや連続アドレスにアクセスする場合は効率が良いが，スレッドごとに不連続なアドレスにアクセスする場合は，順次アクセスとなるため大幅に性能が低下する．

3. GPUの構成

NVIDIA社のGPUを例にとって説明する．図8.10に示すように，GPUはPCI ExpressによりCPUと接続される．GPUは独自のメモリをもち，CPUのメモリから転送されたデータを処理して，結果をCPUに戻す．GPUは，**SM**と**CUDAコア**の2段階の階層構造をとる．GPUは数十個のSMをもち，各SMは数10個のCUDAコアをもつ．CUDAコアは演算器とレジスタをもつ．各コアが並列処理を行うと，並列処理の規模は千を超える．

SM：Streaming Multiprocessor

CUDA：Computing Unified Device Architecture

GPUのプログラムは，グリッド，ブロック，スレッドの階層をもつ．グリッドはブロックの集合であり，ブロックはスレッドの集合である．個々のブロックは，Giga Thread Engineにより単一のSMに割り当てられる．

SMの模式図を図8.11に示す．ワープはSM内で並列に実行さ

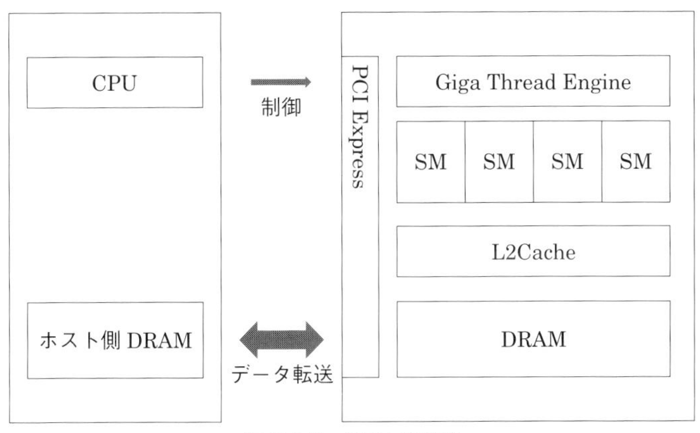

図 8.10　GPU の構造

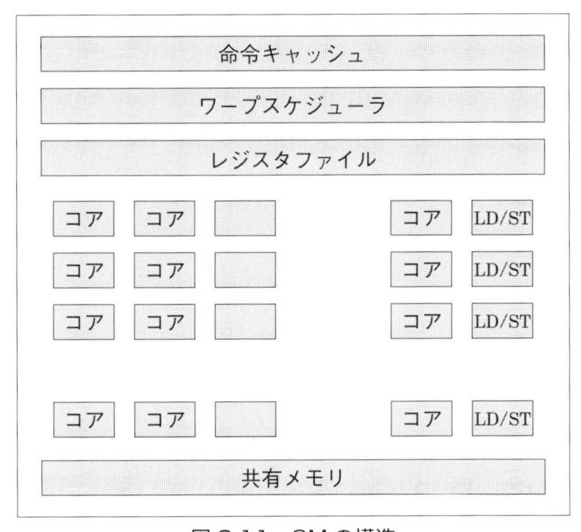

図 8.11　SM の構造

れるスレッドの集合であり，SM 内の CUDA コア数によって決まる．各 SM には多数のワープが割り当てられ，その中で実行可能なワープをワープスケジューラが選択してコアに投入する．

8.4 バス結合型並列アーキテクチャ

高性能プロセッサがコンパクトに実現されるようになり，複数個のプロセッサをバス結合する方式の商用機が 1980 年代に登場した．

さらに，2000 年代以降はマルチコアとして，チップ内で複数のプロセッサをバス結合する方式が普及している．バス結合型並列プロセッサの構成例を図 8.12 に示す．

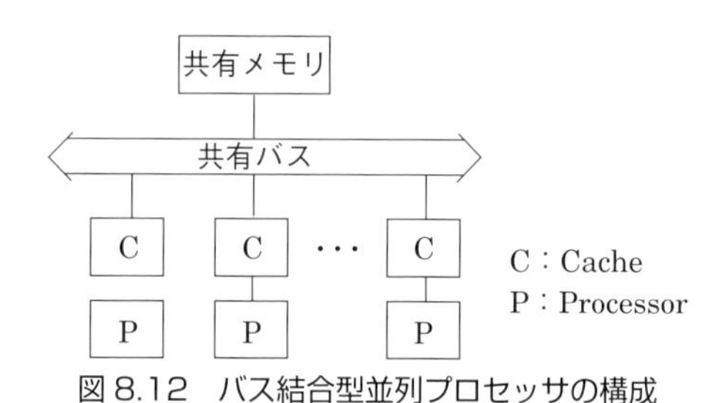

図 8.12　バス結合型並列プロセッサの構成

図のようにプロセッサはバスを経由して**共有メモリ**に接続される．プロセッサの台数を増やしたとき，共有メモリのアクセスがバスを経由するため，性能のボトルネックとなる．このため，各プロセッサはキャッシュを備えている．キャッシュを備えることにより，共有メモリへのアクセス頻度を下げ，共有バスのトラフィックを下げることによりシステム全体の性能低下を防止している．

共有メモリ型並列アーキテクチャの実現における重要な課題は，複数のキャッシュ間での内容の一貫性をとること（**キャッシュコヒーレンシ**），および共有メモリアクセスによるプログラム間の同期をどのようにとるかの 2 点である．以下，これらについて説明する．

1. スヌープキャッシュ

スヌープキャッシュ：
snoop cache

バス結合マルチプロセッサにおいてキャッシュコヒーレンシをとる方法として**スヌープキャッシュ**が用いられている．スヌープキャッシュでは各プロセッサに接続されたキャッシュコントローラがバス上の動作を監視することにより，キャッシュの内容の一致を保証する．共有メモリへのアクセスはすべてバスを経由するため，バスを監視することにより，各プロセッサはシステム全体の動作を把握することができる．スヌープキャッシュ用のキャッシュコントローラの構成を図 8.13 に示す．

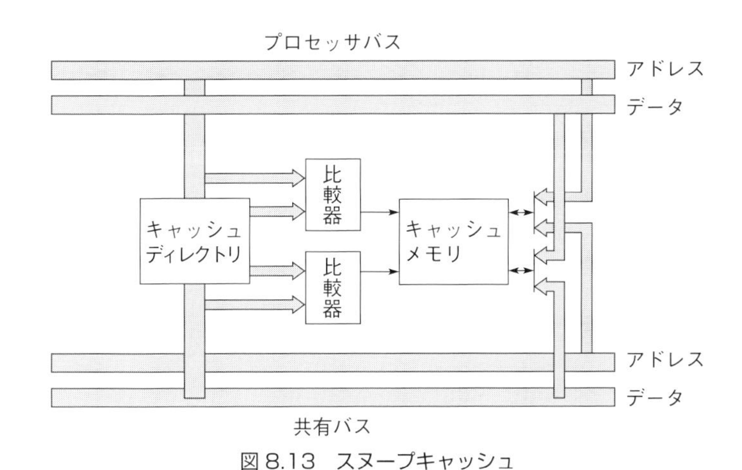

図 8.13　スヌープキャッシュ

図のようにキャッシュコントローラはプロセッサ側からのアクセスと共有バス上のアクセスの両方を監視する必要があり，**キャッシュディレクトリ**は双方から同時にアクセスできるように 2 ポートの構造をもつ．

コヒーレンシ：coherency（一貫性）

第 3 章で述べたように，キャッシュと主記憶との間の**コヒーレンシ**を保つには，**ライトスルー**と**ライトバック**の 2 つの方式がある．ライトスルーはキャッシュ上の書込みを即座に主記憶に反映させる方式であり，ライトバックはキャッシュ上の書込みをキャッシュが置換されるまで主記憶に反映しない方式である．スヌープキャッシュではこれに加えて，複数のキャッシュ間のコヒーレンシを保つ必要がある．キャッシュ間のコヒーレンシに関しては，同一ブロックが複数のキャッシュに格納されている状況で，一方のキャッシュに書込みがなされたときに他方のキャッシュをどのように制御するかについて，基本的には以下に示す 2 つの方法がある．

ライトインバリデート：write invalidate

ライトアップデート：write update

ライトスルーインバリデート：write through invalidate

ライトスルーアップデート：write through update

ライトバックインバリデート：write back invalidate

ライトバックアップデート：write back update

MSIプロトコル：MSI protocol

① **ライトインバリデート**：一方のキャッシュに書込みが行われた場合，他方のキャッシュを無効化する．

② **ライトアップデート**：一方のキャッシュに書込みが行われた場合，他方のキャッシュを即座に書き換える．

この2つとライトスルー，ライトバックを組み合わせることにより，4通りの制御方法（**ライトスルーインバリデート**，**ライトスルーアップデート**，**ライトバックインバリデート**，**ライトバックアップデート**）が考えられる．

しかし，ライトスルーは共有メモリの書込み回数が増大するためライトバックに比べて性能が悪く，またライトアップデートは共有バスに高いバンド幅を必要とするため，実際のシステムではライトバックインバリデートが用いられている．ここでは，ライトバックインバリデートについて説明する．

キャッシュの動作の記述のため，キャッシュブロックに状態をもたせ，プロセッサやバスからのイベントに対して状態がどのように遷移し，どのような動作をするのかを定義する必要がある．これを**キャッシュプロトコル**と呼ぶ．ライトバックインバリデートの基本となるキャッシュプロトコルの例を示す．各キャッシュブロックには，無効状態（Invalid），主記憶と内容が一致している状態（Shared），一致していない状態（Modified）の3つの状態があり，これらをタグで表す．これらの先頭文字をとって**MSIプロトコル**と呼ぶ．MSIプロトコルの状態遷移図を図8.14に示す．

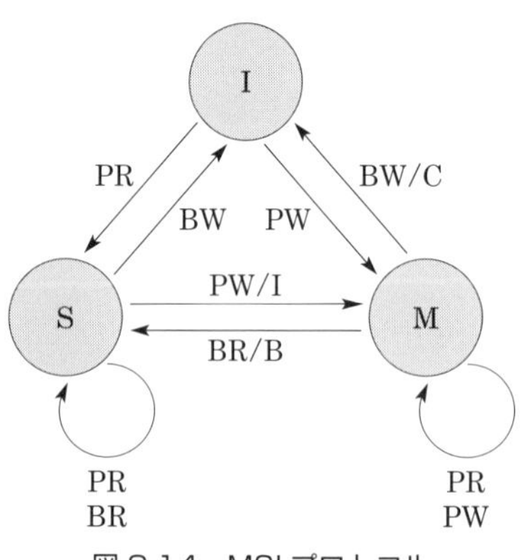

図8.14　MSIプロトコル

状態遷移は，自プロセッサからの読出し（PR），自プロセッサからの書込み（PW），他プロセッサからの読出し（BR），他プロセッサからの書込み（BW）の4つのイベントにより引き起こされる．図8.14における矢印は状態遷移を表し，スラッシュの前は対応するイベント，スラッシュの後は動作を示す．動作のIはInvalidate（無効化），BはWriteBack（キャッシュの内容を主記憶に書き戻す）を意味する．

例を用いてキャッシュの動きを説明する．図8.15は，2台のプロセッサA，Bが共有メモリの同一ブロックをキャッシュ上にもっている状態から，（A.Write，B.Read）の順にアクセスを行ったときの状態の変化を示している．□の中はキャッシュの状態を示す．

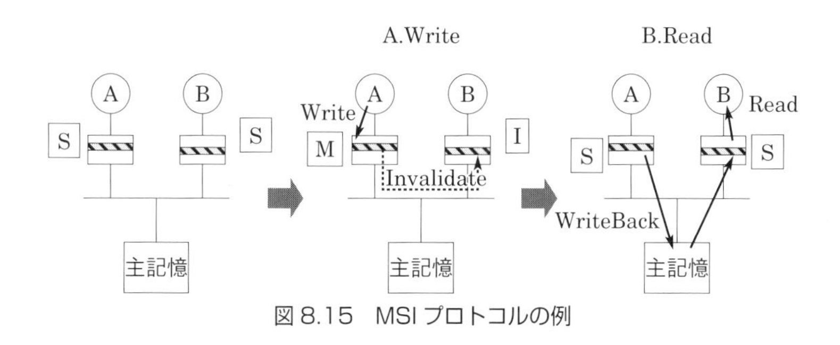

図8.15　MSIプロトコルの例

以下，主記憶への操作順に説明する．

① 開始状態では，プロセッサA，Bのキャッシュブロックの状態はSharedである．

② プロセッサAのWriteにより，Aのキャッシュブロックの状態はSharedからModified状態に遷移し，バスにInvalidate信号を送出する．これは，図8.14のプロセッサAにおいて，PWにより状態Sから状態Mへ遷移し，Iを出力する矢印に相当する．Invalidate信号はブロックアドレスとともに共有バスに送出され，同じブロックアドレスを有するBはこれを検出して，対応するキャッシュブロックはInvalid状態に遷移する．これは，図8.14のプロセッサBにおいてBWにより状態Sから状態Iへ遷移する矢印に相当する．

③　プロセッサBのReadにより，プロセッサBはInvalid状態なのでバスを通じて主記憶にアクセスする．一方，プロセッサAはModified状態でバスからのReadを検出し，主記憶へのWriteBackを行ってShared状態に遷移する．これは，図8.14においてプロセッサAがBRにより状態Mから状態Sへ遷移し，Bを出力する矢印に相当する．この結果，AからWriteBackされた内容がBに読み込まれる．

MSIプロトコルは，基本となるプロトコルであり，さまざまな改良が提案されている．Modified状態のキャッシュブロックは書き込まれた時点で他のコピーを無効化するためコピーは存在しないが，Shared状態ではコピーが存在しうる．Shared状態のブロックへの書込みの際には，コピーが存在しない場合でもInvalidate信号をバスに送出する必要があり，むだな操作となる．そこで，キャッシュのShared状態をコピーが存在しない状態（Exclusive）とコピーが存在する状態（Shared）に分け，コピーが存在しない場合には，書込みの際にInvalid信号を送出しないように改良することができる．これを**MESIプロトコル**（**Illinoisプロトコル**）と呼ぶ．

MESIプロトコル：
MESI protocol

MESIプロトコルでは，主記憶から読み出したときに他のキャッシュが保有していないならばExclusive状態となり，保有していればShared状態になる．また，Exclusive状態で他のプロセッサが同一ブロックを読み出したときにShared状態に遷移する．

MESIFプロトコル：
MESIF protocol

次の改良として，**MESIFプロトコル**について説明する．MSIプロトコルやMESIプロトコルでは，プロセッサからのREADに対して，自分のキャッシュにはなく他のキャッシュに存在していても，主記憶から読み出している．MESIFプロトコルは，この点をキャッシュ間の転送に改良したものである．そのためには，複数のキャッシュが保有している場合にどのキャッシュから転送するのかを決めなければならない．そこで，転送元はForward状態のキャッシュと決める方式である．図8.16では，3台のプロセッサA，B，Cが同一のブロックをA，B，Cの順にReadアクセスすると仮定する．

最初にREADしたAはコピーがないのでExclusive状態とな

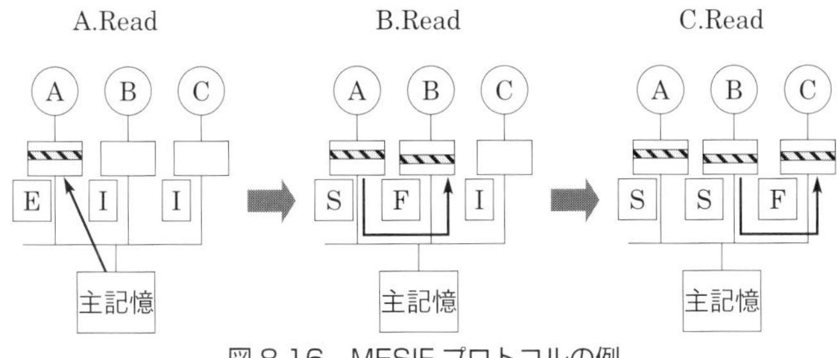

図 8.16　MESIF プロトコルの例

り，次に READ した B は A からキャッシュ間転送によりデータを受け取る．このとき，受信したほうが Forward 状態となり，A はコピーが存在するので Shared 状態となる．次に READ した C は，B からキャッシュ間転送によりデータを受け取り Forward 状態となり，B は Shared 状態に遷移する．MESIF プロトコルは Intel の Core プロセッサで利用されている．

また，MSI プロトコルでは，図 8.15 の A が Modified 状態で B が READ したとき，A が主記憶に WriteBack してから B は主記憶を READ するが，これを主記憶に書き戻さずに A から B へのキャッシュ間転送で行う方式が提案されている．これを図 8.17 に示す．

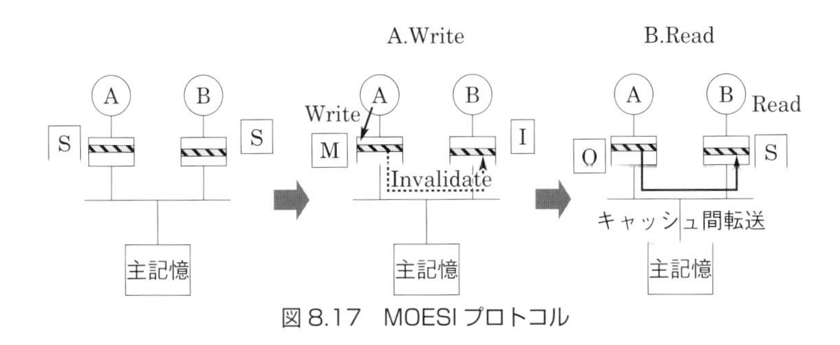

図 8.17　MOESI プロトコル

このように，Modified 状態のブロックを主記憶に書き戻さずにキャッシュ間転送すると，一貫性のとれないブロックが複数個存在することになるため，置換時に主記憶に書き戻すブロックを決めておく必要がある．このため，Owned という状態を導入し，キャッシュ間転送の転送元を Owned 状態にする．これを **MOESI プロトコル**と呼ぶ．MOESI プロトコルは AMD の Opteron プロセッサで利用されている．

MOESI プロトコル：MOESI protocol

2. 同期方式

複数のプロセスが協調動作をするためには同期をとることが不可欠である．並行プロセスの同期は OS で実現される機能であるが，マルチプロセッサの場合は同期を実現するための基本的なハードウェアの機能が必要となるので，それについて説明する．

バス結合の共有メモリ並列マシンでは，共有メモリ上の変数に対して排他制御を実現する機構が必要である．ここで，変数 x が 0 のときプロセッサは排他的な処理を実行し，変数 x が 1 のときは 0 になるまで待つことを考える．複数のプロセッサが同時に変数 x にアクセスした場合，排他的な処理を単一のプロセッサだけに許可するには，変数 x を読み出して，変数の値が 0 のときに 1 を書き込む操作を不可分に行う必要がある．このような操作を**不可分命令**と呼ぶ．不可分命令には，Test&Set 命令，Fetch&Add 命令などがある．OS はこれらの命令を用いて，高度な同期機構を実現している．

不可分命令：indivisible instruction

多数のプロセッサが待ち合わせる同期を**バリア同期**と呼ぶ．バリア同期は対象となるすべてのプロセスがバリアに到達するまで待つ．バリア同期は不可分命令を用いて実現することもできるが，比較的簡単な専用ハードウェアで実現できる．

バリア同期：barrier synchronization

8.5　ネットワーク結合型並列アーキテクチャ

バス結合並列アーキテクチャでは，バスの実装上の問題によりプロセッサ数は 32 台程度が限界であるが，ネットワーク結合型並列アーキテクチャでは，より大規模な並列プロセッサを実現することができる．このようなアーキテクチャで最も重要な課題はプロセッサ間通信技術である．まず，プロセッサ間の相互結合網のトポロジについて説明し，次に効率良くデータ転送を行う方式，およびルーティングアルゴリズムについて説明する．

相互結合網：
interconnection network

1. 相互結合網

ネットワーク結合型並列マシンの**相互結合網**は，プロセッサとメモリの対をノードとし，プロセッサ間の通信路をリンクとしたグラフで表現される．このグラフの形状を**ネットワークトポロジ**と呼ぶ．ネットワークトポロジはノード間が直接リンクで接続される**直接網**と，スイッチを介してノード間を接続する**間接網**に分類される．

ネットワークトポロジ：
network topology

直接網：
direct network

間接網：
indirect network

基本的な直接網としては，図 8.18 に示すように，**直線**，**リング**，**tree**，**メッシュ**，**トーラス**，**完全結合**が挙げられる．これらの構造は図より明らかであろう．トーラスはメッシュの両端のノード間を接続したものである．**ハイパーキューブ**の構造を図 8.19 に示す．ハイパーキューブはノードを 2 進数で番号付けしたとき，1 ビットだけ異なるノード間をリンクで結ぶものである．図に示すように，2 つの n 次元ハイパーキューブの対応するノードをつなぐと，$n+1$ 次元のハイパーキューブが生成できる．

ハイパーキューブ：
hyper-cube （超立方体）

間接網としては，図 8.20 に示すように，**クロスバ結合**，**オメガ網**が代表例として挙げられる．クロスバ結合では単一の**クロスバスイッチ**を経由して，任意の入力ポートと任意の出力ポートを接続す

クロスバスイッチ：
crossbar switch

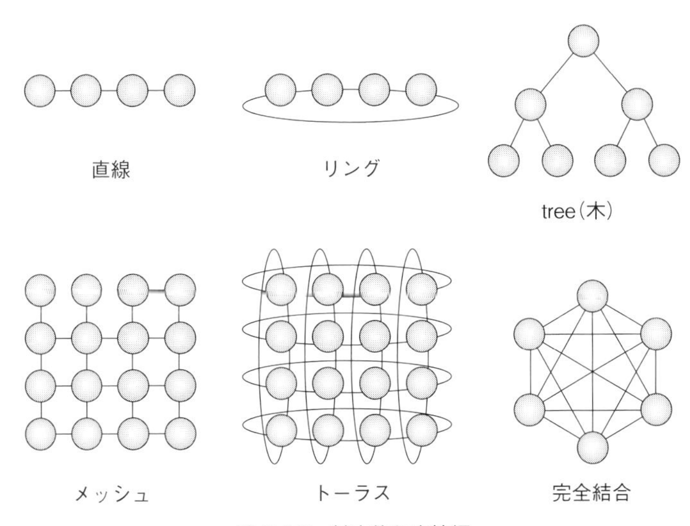

図 8.18　基本的な直接網

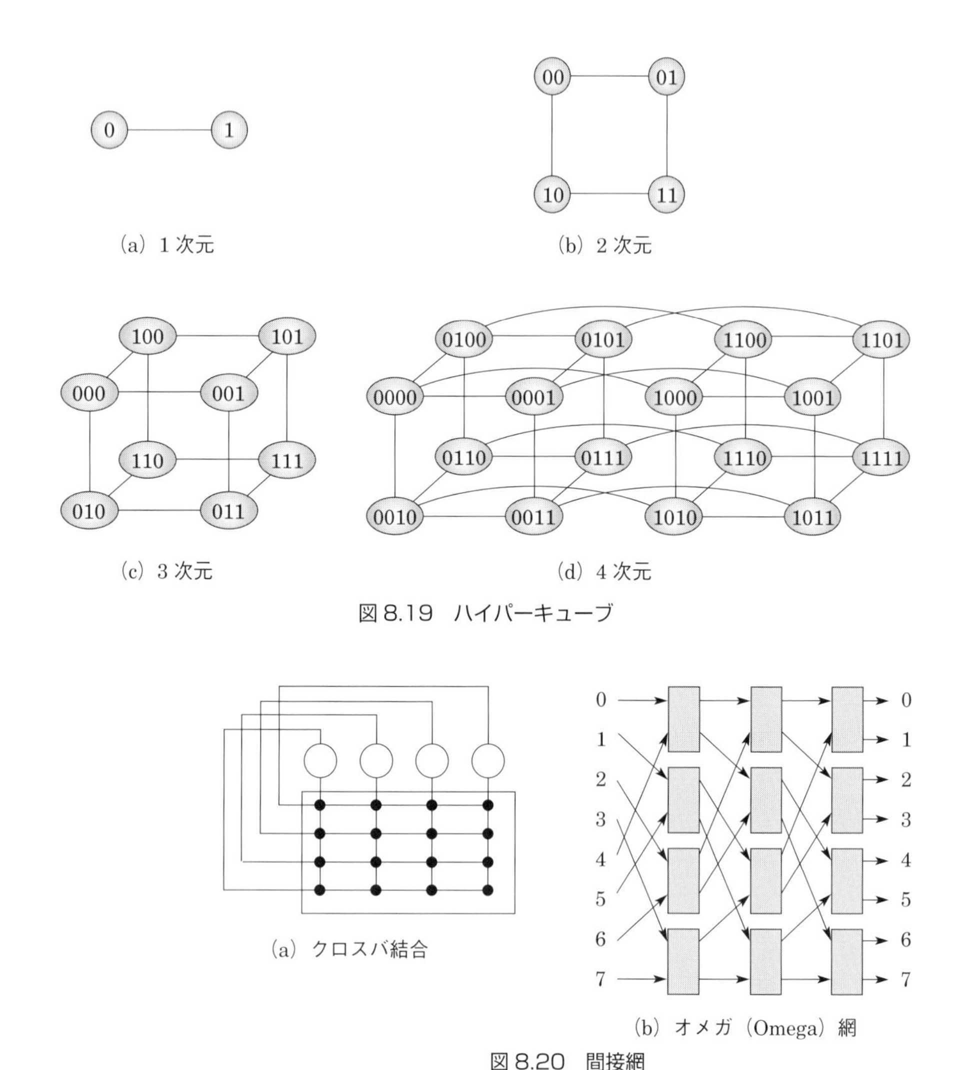

(a) 1 次元

(b) 2 次元

(c) 3 次元

(d) 4 次元

図 8.19　ハイパーキューブ

(a) クロスバ結合

(b) オメガ（Omega）網

図 8.20　間接網

ることができる．しかし，クロスバスイッチを LSI 化する場合には入出力ピン数が多くなるため，大規模化は困難である．オメガ網は 2×2 のスイッチを多段に組み合わせ，すべての入出力ノード間に経路を確保したものである．N 台のノードを接続するには，2×2 のスイッチを $\log_2 N$ 段並べればよい．

図 8.21 に示す **fat tree** は最近のスーパコンピュータでよく用い

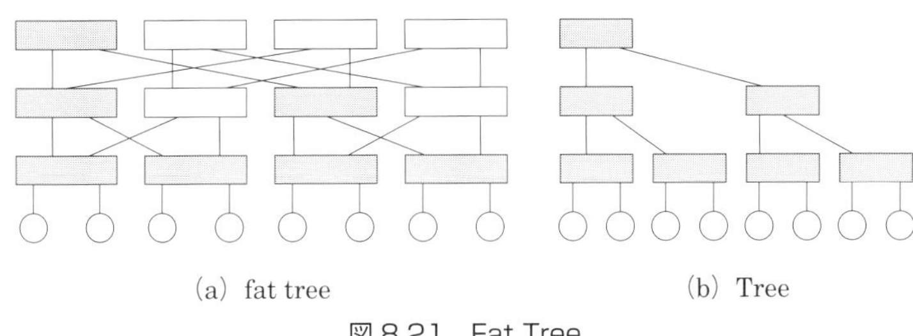

図 8.21 Fat Tree

られている．fat tree は，tree の leaf ノード以外のノードをスイッチで置き換えたトポロジに関して，スイッチを多重化して通信の負荷を均等にしたものである．図の fat tree の網掛けのスイッチは tree のスイッチに対応し，塗りつぶしていないスイッチは多重化のために追加されたものである．

このほかにも数多くの結合網のトポロジが提案されているが，これらを比較するため，トポロジの基本的な性質，および要求される特性について説明する．トポロジの基本的な特性として，**直径**と**次数**の 2 つがある．

直径：diameter

次数：degree

直径とはノード間の距離の最大値であり，直径が短いほど転送に経由するリンク数が少ないため性能が良い．

次数とはノードに接続されるリンクの最大値を表す．次数が少ないほど結合に要するハードウェア量が少ないため，コストが低くなる．

その他にトポロジに要求される性質としては，均一性，拡張性などがあげられる．

均一性とは，ネットワーク中のどの部分も同じ構造となることである．均一性のあるトポロジでは，一様な通信パターンにおいてネットワークの負荷が偏らない．tree は明らかに均一ではなく，根に近い部分に負荷が集中する．fat tree はこの点を改良したものである．直線やメッシュは端と中央の構造が異なり，端よりも中央部分のほうに負荷が多くなる．

拡張性とは，ノード数の増大に対して容易に対処できることである．次数が定数でない場合はノードのハードウェアの変更が必要となり，拡張性がない．例えば，ハイパーキューブは 16 台構成から

32台構成に拡張する場合，次数が4から5に変わる．ノードのハードウェアが4本の次数に対応して開発されている場合に5本の次数への対応はハードウェアの取替えが必要となる．リングやトーラスでは拡張するときに一部のリンクをとりはずす必要がある．

バイセクションバンド幅：
bisection band-width

バイセクションバンド幅とは，ノード全体を2分割した面を通過する通信路のバンド幅の合計を意味する．トポロジによっては2分割した面によって通過する通信路のバンド幅の合計が変わる場合があるが，そのときは最小値をとる．これにより，全プロセッサが通信したときの通信性能の下限を表すものとして用いられる．

プロセッサ台数をNとしたときの直接網の各ネットワークトポロジの性質を表8.1に示す．ただし，バイセクションバンド幅については，トポロジの性質の比較という観点からバイセクションリンク数で表す．

表8.1　ネットワークトポロジの性質

	直径	次数	均一性	拡張性	バイセクションリンク数
直線	$N-1$	2	×	○	1
リング	$N/2$	2	○	△	2
tree	$2\log_2 N$	3	×	○	1
メッシュ	$2\sqrt{N}$	4	×	○	$\sqrt{N}$
トーラス	$\sqrt{N}$	4	○	△	$2\sqrt{N}$
ハイパーキューブ	$\log_2 N$	$\log_2 N$	○	×	$N/2$
完全結合	1	$N-1$	○	×	$N^2/4$

Column　base-m n-cube

図8.20に示すbase-m n-cubeは，筆者たちが考案したネットワークトポロジであり，512台規模の高並列マシンprodigyにより実装された．base-m n-cubeは$m \times m$のクロスバスイッチをn次元に配置し，各ノードをm進数表現したとき，1桁だけ異なるm個のノードをスイッチ経由で結合したものである．ハイパーキューブをm進数に拡張したものと考えることができる．base-8 3-cubeはハイパーキューブに比べて直径，次数とも減少する．

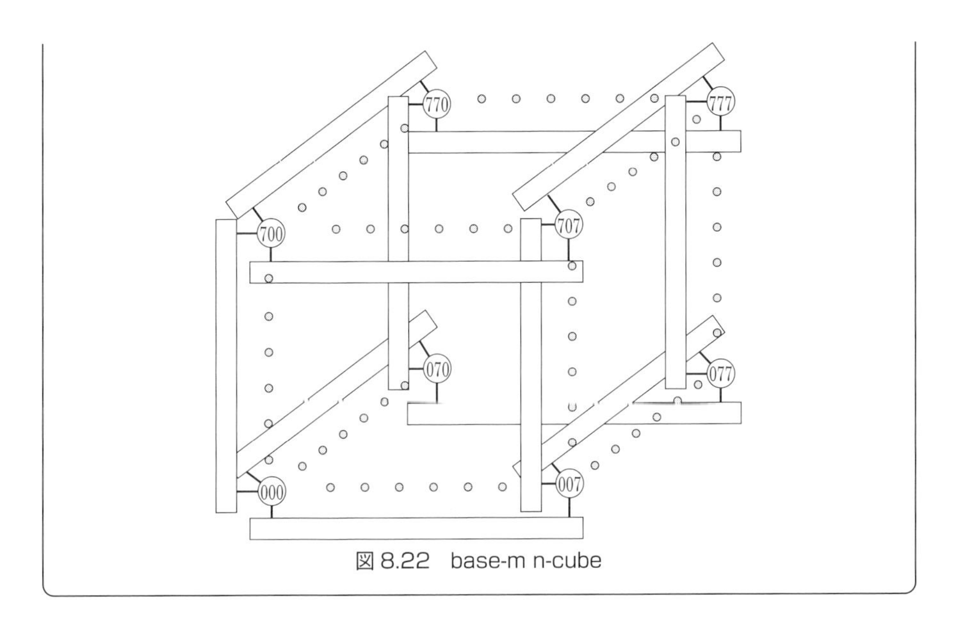

図 8.22　base-m n-cube

2. データ転送方式

ネットワーク結合型並列マシンでは，パケットの形でメッセージ通信が行われる．パケットの先頭には行き先ノードアドレスが格納されている．パケットの送信元ノードと行き先ノードの間に直接リンクがない場合には，中継するノードを経由してパケットが転送される．中継ノードではパケットの行き先ノードアドレスを解釈して適切な方向に送出する．このようなパケット転送は**ルータ**と呼ばれる専用ハードウェアを各ノードに備えることによって行われる．ルータの構造を図 8.23 に示す．

ルータ：
router

図 8.23 ではネットワークトポロジとしてメッシュを想定している．ルータは 4 本の隣接ノード（上下左右）に接続する入出力ポートに，自プロセッサに向けた入出力ポートを加えた 5 本のポートをもつ．それぞれの入出力ポートは独立して動作し，複数のデータ転送を並列に処理することができる．ルータの内部にはクロスバスイッチが含まれており，パケットの行き先ノードアドレスよりクロスバスイッチの接続方向が設定されてパケットの転送が行われる．

ネットワーク内に同時に多くのパケットが流れる場合には，ルー

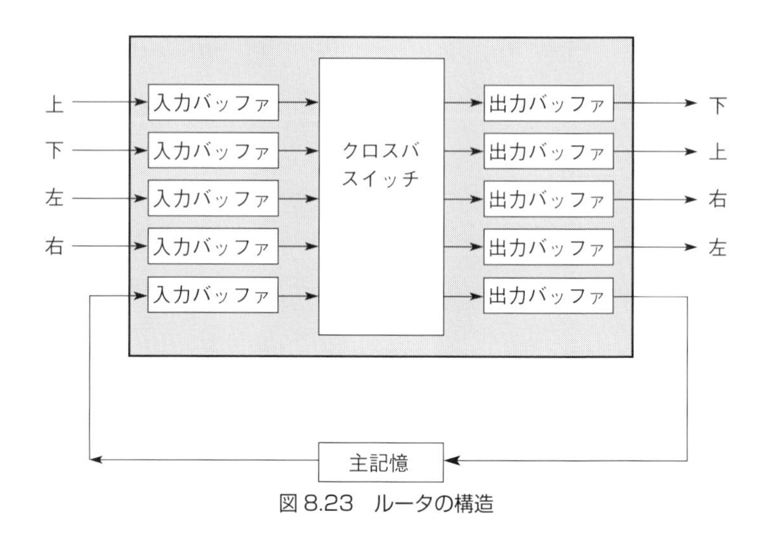

図 8.23　ルータの構造

タ内のクロスバスイッチにおいて複数のパケット転送が同一方向の出力バッファへの転送を要求して衝突する場合がある．このような場合には，ルータでは入力ポートから受信したパケットを転送先のリンクに転送できなくなり，一方のパケットがルータ内でリンクが空くのを待つ必要がある．パケット通信方式は，このようなパケットの待合せを考慮する必要があり，以下の 3 つの方式が提案されている．

① **Store&Forward 方式**（**SF**）：中継する各ノードがパケット全体を受信してから，次のノードに転送する．中継するノードまでの転送路は開放する．次の転送先が空いていない場合にはノードで待つ．ルータではパケット全体を格納できる大きさのバッファが必要となる．

② **Wormhole 方式**（**WH**）：中継する各ノードはパケット全体の受信を待つことなく，次の転送先が空いている限り受信したパケットの部分を転送する．転送先が空いていない場合には，転送路を確保したまま待つ．ルータでは，パケット転送の 1 単位（**フリット**と呼ばれる）の大きさのバッファをもつ．

フリット：flit

③ **Virtual Cut Through 方式**（**VCT**）：WH 方式と同様に中継する各ノードはパケット全体の受信を待つことなく，次の転

送先が空いている限り受信したパケットの部分を転送する．転送先が空いていない場合には，WH方式と異なり，パケットの先頭が到達しているノードがパケット全体を格納して転送路を開放し，転送先が空くのを待つ．ルータでは，パケット全体を格納できる大きさのバッファをもつ．

これらの3つの方式での転送例を図8.24，8.25に示す．ここでは1フリットの転送に要する時間を単位時間として説明する．図8.24はSF方式のパケット転送例を示す．図8.24においてパケットの長さは3フリットであり，時刻3で隣接ノードにパケット全体が到着する．したがって，パケット全体が宛先に到着するのは時刻9のときである．図8.25はWH方式のパケット転送例を示す．中継ノードはパケット全体の到着を待つのではなく，次々と先のノードに転送するため，パケット全体が宛先に到着するのは時刻5のときである．VCT方式も同様である．

3つの方式を性能面から比較しよう．パケットの長さをM，送信元ノードから宛先ノードまでの距離をDとする．パケットがブロックされることなく転送されると仮定すると，SF方式での転送時間はM×Dのオーダ，WH方式およびVCT方式での転送時間はM+Dのオーダとなる．WH方式やVCT方式はプロセッサにおけるパイプライン方式と同様の効果があり，性能的にSF方式より優れている．

WH方式とVCT方式の違いはパケットがブロックされたときの動作である．これを図8.26，27に示す．図8.26はWH方式における動作であり，パケットがブロックされた場合には始点のノードからブロックされたノードまでの転送路は確保されたままブロックの解除を待つ．一方，図8.27はVCT方式における動作であり，パケットがブロックされた場合でも，始点のノードからブロックされたノードまでの転送は継続される．したがって，転送が終了した経路は開放される．開放された転送路は他のパケット転送に利用できるため，性能としてはVCTのほうが良くなるが，パケット全体を格納するためのバッファが各ノードに必要となる．

なお，実際に相互結合網の性能を精密に評価するには，パケットがどの程度ブロックされるかが重要となる．多数のパケットが同時

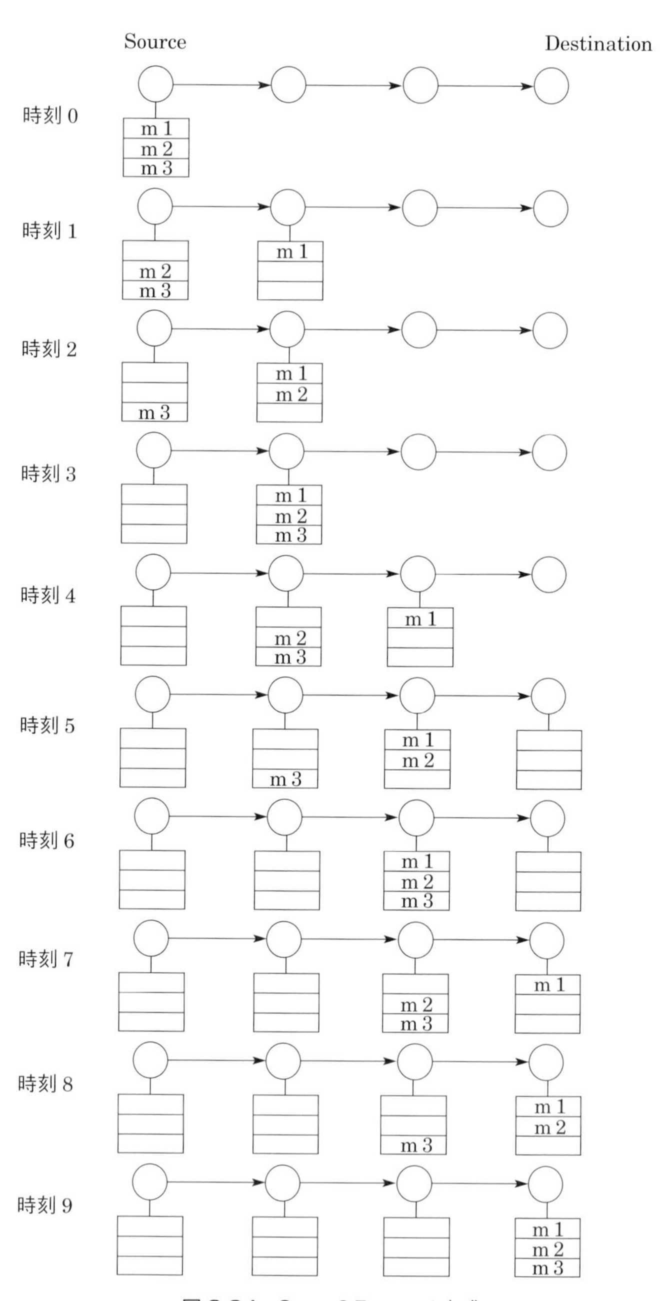

図 8.24　Store＆Forward 方式

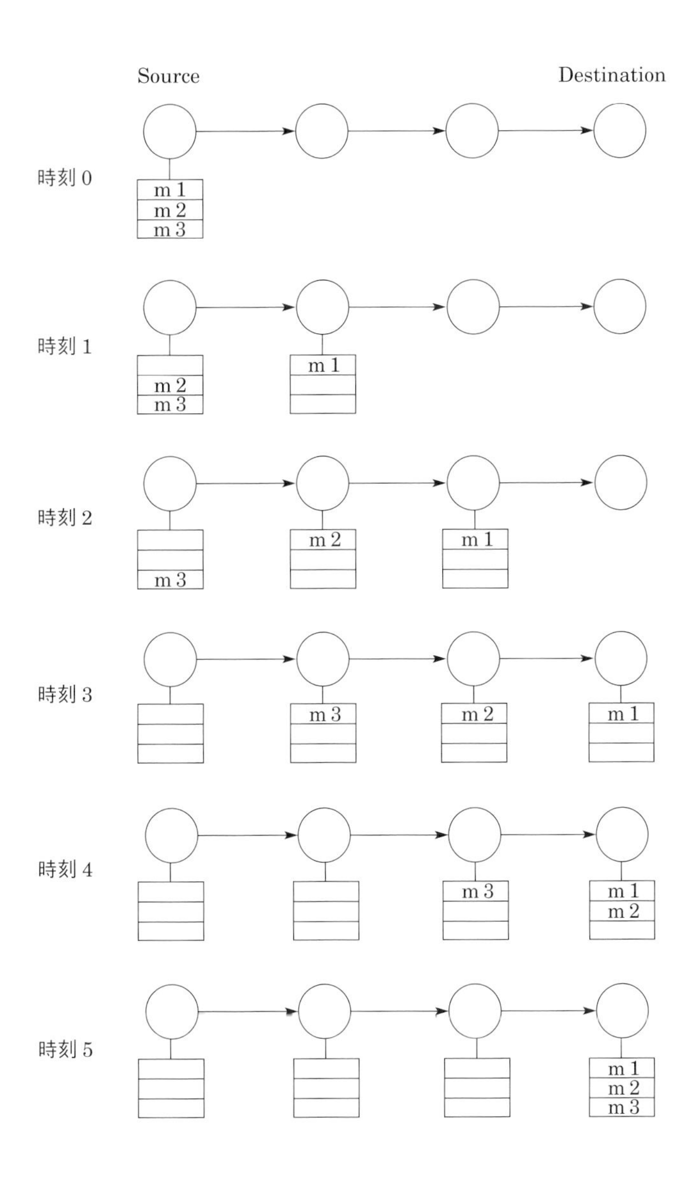

図 8.25　Wormhole 方式

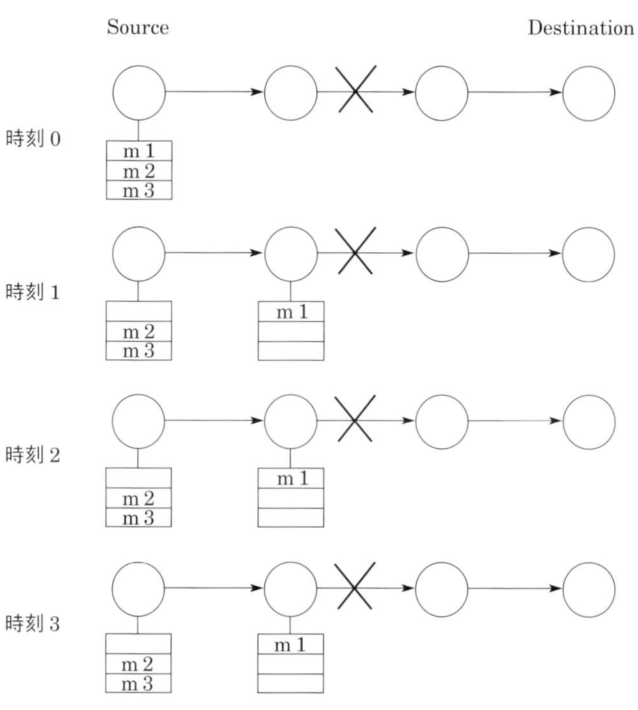

図 8.26　Wormhole 方式（パケットがブロックされた場合）

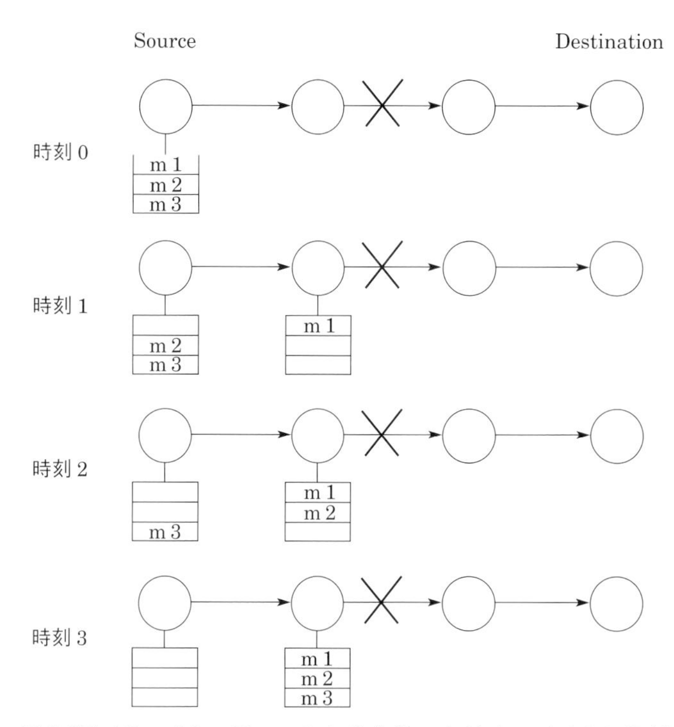

図 8.27 Virtual Cut Through 方式（パケットがブロックされた場合）

ホットスポット：hot spot

に発行されるとネットワーク全体が非常に混雑し，パケットの渋滞が起こって性能が低下する．この現象を**ホットスポット**と呼ぶ．

3. ルーティングアルゴリズム

ルーティングアルゴリズム：routing algorithm

ルーティングアルゴリズムはルータ内に組み込まれ，入力されたパケットの適切な転送方向を決める．パケット転送のために行われるルーティングアルゴリズムは高速である必要があり，通常，ハードウェアで実現される．ルーティングアルゴリズムでは，パケットの**デッドロック**が起こらないように考慮しつつ最適な転送先リンクを決定する．

デッドロック：deadlock

まずデッドロックについて説明する．WH 方式では，パケット通信がブロックされたとき資源を確保したまま解除を待つため，デッドロックが発生する可能性がある．図 8.28 は 3 個のノードが単方

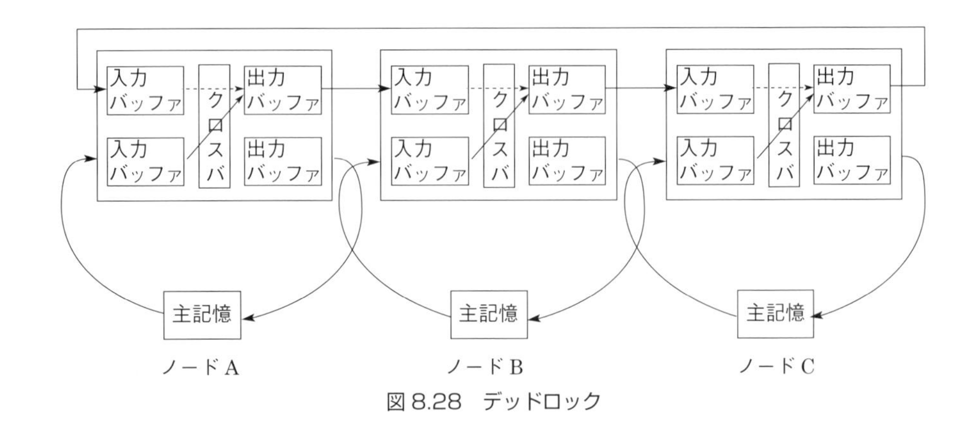

図 8.28　デッドロック

向リング上に接続されているネットワークでデッドロックの発生を示している．ノードAからノードCへ，ノードBからノードAへ，ノードCからノードBへの通信が同時に発行されたとする．それぞれ次の転送先の入力バッファを確保した状態で，そのノードの出力バッファが確保できないために先に進めなくなる．このようなデッドロックは発生してから対処するのでは性能が大幅に低下するので，あらかじめデッドロックを防止するルーティングアルゴリズムが必要となる．デッドロックの発生はバッファを含めたリンク間でループが含まれることに起因する．したがって，デッドロックを防止するにはリンク間のループを除去する方法を考えればよい．例えばメッシュにおいて（$x1$, $y1$）から（$x2$, $y2$）に送信するとき，まず x 軸方向に転送し，（$x2$, $y1$）で方向を変えて y 軸方向に転送すればループは生じないのでデッドロックは起こらない．このようなルーティングを**次元ルーティング**と呼ぶ．ハイパーキューブも同様の方法でデッドロックを避けることができる．しかし，トーラスでは次元ルーティングを用いてもデッドロックは防止できない．最短距離のルートを選ぶ限りはリンク間のループを除去できないからである．このため，バッファを複数個置いて複数の通信を時分割転送する方法，ルーティングの自由度を制限する方法等が考案されている．

次元ルーティング：dimension routing（次元に優先度が決められており，経路は一意的に決まる）

通常のルータでは，パケットの送信元と宛先から通信経路は一意に決まる．これを**決定的ルーティング**と呼ぶ．しかし，決定的ルー

決定的ルーティング：deterministic routing

ティングでは特定のリンクの故障や混雑に動的に対処することができない．メッシュやハイパーキューブなどのトポロジでは送信元と宛先を結ぶ最短経路は複数個存在する場合が多い．このため，通信経路を転送しながら動的に決める**適応型ルーティング**が提案されている．適応型ルーティングでは中継ノードで複数の転送先が選択可能な場合，混雑度を考慮して転送先を決定するため，ホットスポットの影響を軽減することができ，システム全体のネットワーク性能が向上する．さらに，ノードやリンクが故障している場合には故障個所を迂回する必要があり，最短経路以外の通信経路を動的に選ぶ方法も必要となる．このようなルーティングを**フォールトトレラントルーティング**と呼ぶ．

適応型ルーティング：adaptive routing

フォールトトレラントルーティング：fault tolerant routing

このように，ルーティングアルゴリズムは多方面から研究され，ネットワーク結合型並列計算機の技術進歩に大きく貢献してきた．

Column 京コンピュータ

京コンピュータは，文部科学省のプロジェクトとして理化学研究所と富士通が開発した超並列型スーパコンピュータである．システムは 88 128 個のプロセッサから構成され，各プロセッサは 8 個のコアをもつため，全体の並列度は 705 024 となる．これらのプロセッサは Tofu と呼ばれる 6 次元トーラス構造の結合網で接続されている．LINPACK ベンチマークで 10.51 PFLOPS を達成し，2011～2012 年に世界最高速のコンピュータであった．

8.6 クラスタ

クラスタとは，複数の計算機をネットワーク接続したシステムと定義される．従来，このような形態は分散処理と呼ばれ，並列処理とは異なる用途に用いられてきた．最近のネットワークの高速化により，クラスタ上で並列処理を行うことが十分に高速となり，クラスタが並列処理用途に広く用いられるようになった．

クラスタの特長は**汎用部品**（**コモディティ**）から構成されている点である．90 年代になってから MPP が急速に衰退した理由は高価であったからである．MPP では多数のプロセッサからなる高性能システムをコンパクトに実装するため，専用のプロセッサ，相互

汎用部品：commodity

結合網，ソフトウェアを開発する必要があった．これに対し，PCやネットワーク機器は90年代後半から急速に普及したため，性能が毎年大幅に向上し，コストも大幅に低下している．この技術進歩の速度に対してMPPの開発期間や開発コストでは太刀打ちできなくなった．

PCクラスタ普及の大きな要因となったものとして，高速ネットワーク（**Myrinet**）の登場がある．通常のネットワークプロトコル（TCP/IP）で通信する場合，オーバヘッドの大きさにより**粒度**の細かい並列処理には不向きであったが，Myrinetはネットワーク結合型並列アーキテクチャにおけるルーティング技術を取り入れたネットワークスイッチを開発し，オーバヘッドの少ないプロトコルと高速な通信を安価に提供した．

Myrinet：Myricom社の製品．

粒度：granalarity

メッセージ通信ライブラリ（**MPI**，**PVM**）の標準化や普及もPCクラスタの追い風となった．MPIやPVMを用いた並列プログラミングに関しては，MPPとクラスタは同じ環境となり，MPPユーザがスムーズにクラスタへ移行できるようになった．

MPI：Message Passing Interface（1994年に制定された標準規格．）

PVM：Parallel Virtual Machine

一方，クラスタの短所として，占有スペースや保守があげられる．コンパクトに実装されたMPPと比較すると大きなスペースを占める．また汎用部品の信頼性が充分ではなく，保守の手間がかかるという欠点がある．近年，ラックマウント型のPCが発売されるようになり，スペースの問題や信頼性の向上は解消されてきている．

1. Beowulf型PCクラスタ

Beowulf型PCクラスタはPCクラスタの先駆けであり，PC，TCP/IP，Linuxなどハードウェア，ソフトウェアともコモディティ技術を用いて高性能計算機の実現を目指したカリフォルニア工科大のプロジェクトである．現在では多くの大学や企業が参加するコミュニティとして活発に活動しており，商用システムも登場している．

Beowulf：スカンジナビア地方の中世の英雄の名前．怪物を退治したという叙事詩が有名である．

2. SCore型クラスタ

SCoreとは，**新情報処理開発機構**により開発されたクラスタのためのシステムソフトウェアである．2001年のプロジェクトの終了

新情報処理開発機構：RWC（リアルワールドコンピューティング）は，1992年から10年間進められた旧 通産省のプロジェクト．

後は，PCCC（PC クラスタコンソーシアム）が活動を引き継ぎ，多くの PC-Linux 系のクラスタに使用されている．Beowulf 型クラスタとは異なり，クラスタコンピューティングのための高性能なシステムソフトウェア環境の提供を目指しており，通信ライブラリ，コンパイラなど，各種のソフトウェアを開発している．

Column 「グリッドとクラウド」

グリッドコンピューティングとは，ネットワークで接続された多数のコンピュータを結びつけ，1 つの複合したコンピュータシステムとしてサービスを提供する仕組みである．「グリッド」とは "power grid"（高圧線送電網）から来た言葉であり，地理的に分散したコンピュータを，あたかも電気のようにその発生場所を気にせずに使用できるようにしようという発想から命名されている．大規模計算や大容量データベースを取り扱う科学技術計算分野において，さまざまな取組みが行われている．具体的な応用例として，世界中に点在する数百万台もの PC の余剰能力を活用して，宇宙から受信した電波を分析し地球外生命体を発見しようとする SETI@Home プロジェクトが有名である．

一方，**クラウドコンピューティング**とはネットワークを経由してコンピューティング資源をサービスの形で提供する利用形態である．提供するサービスにより，SaaS（Software as a Service），PaaS（Platform as a Service），IaaS（Infrastructure as a Service）の 3 つに分類される．ネットワーク経由でスーパコンピュータを利用できるサービスも存在する．

グリッドは，ミドルウェアの標準化により，異なる組織の計算資源を連携させ，1 台のスーパコンピュータでは足りないほどの大規模な処理を行うことを目指している．一方，クラウドは，Amazon，Google などの企業が管理する計算資源をユーザに提供するサービスであり，標準化は必要ない．この意味では，クラウドはグリッドのサブセットといえる．

いずれにせよ，広域ネットワークを介した並列処理には，適する応用と適さない応用がある．処理に対して通信の比率が高い応用には明らかに適していない．異なる物理モデルを結合してシミュレーションを行う連成計算や，初期値を変えて同じ計算を繰り返し最適値を求める応用は，グリッドやクラウドに適している．

演習問題

問 1　次のプロセッサは Flynn の分類のどれに属するか.

- ・スーパスカラプロセッサ
- ・ベクトルプロセッサ
- ・GPU
- ・Intel Core i7
- ・京コンピュータ

問 2　ベクトル命令間で依存関係のない並列処理と連結処理との違いを説明せよ.

問 3　ベクトルロード命令と，プリフェッチ命令との共通点を述べよ.

問 4　プロセッサ 2 台構成の MSI プロトコルのスヌープキャッシュにおいて，同一のキャッシュブロックに対して以下のアクセスが行われたとき，キャッシュはどのような動作をとるか. ただし初期状態はキャッシュ上に何もない状態とする.

(1) プロセッサ A が Read
(2) プロセッサ B が Read
(3) プロセッサ A が Write
(4) プロセッサ B が Read
(5) プロセッサ B が Write
(5) プロセッサ A が Write

問 5　1 024 台（32×32）のプロセッサをもつ並列マシンにおいて，メッシュ，トーラス，ハイパーキューブの直径，次数を求めよ.

問 6　8×8 のトーラスにおいて，パケット長が 16 フリットのメッセージを転送するとき，SF 方式と WH 方式のルーティングの最大転送時間を求めよ. ただし，隣接ノードへの 1 フリットの転送に 100 ns要するものとし，衝突はないものとする.

演習問題略解

第1章

問1

年	計算機名	人　名	説　明
1946	ENIAC	Mauchley Eckert	世界最初の電子計算機
1956	FUJIC	岡崎文次	日本最初の電子計算機
1964	IBM360	アムダール	世界最初の汎用機
1971	i4004	嶋正利	世界最初のマイクロプロセッサ

問2　多くの端末からアクセスされるサーバ計算機では，コンピュータの性能向上により同時に処理するプロセス数を増やすことを目的とする場合が多い．この場合，性能向上によりスループットは向上するが応答時間は改善されない場合がある．

問3　1 GHz はクロックサイクルが 1 ns なので

1 命令実行時間＝クロックサイクル×CPI＝1 ns×4＝4 ns

MIPS 値＝1 s/4 ns＝250 M　よって　250 MIPS

問4　$1\times0.5+2\times0.3+3\times0.2=1.7$

問5　$100/(100\times0.1+100\times0.9\div x)=5$　より　$x=9$

問6　・デナートの法則により，周波数が高くなるため．

・キャッシュ，レジスタなどが大きくなるため．

・命令レベル並列処理が可能になるため．

第2章

問1

3アドレス方式	2アドレス方式	1アドレス方式	0アドレス方式

ADD W, X, Y
ADD W, W, Z
	LOAD W, X
	ADD W, Y
	ADD W, Z
		LOAD X
		ADD Y
		ADD Z
		STORE W
			PUSH X
			PUSH Y
			ADD
			PUSH Z
			ADD
			POP W

問 2　即値命令を用いると次の 3 命令で記述できる．

```
lw    $r3, 0($r1)
addi  $r3, $r3, 1
sw    $r3, 0($r2)
```

即値命令を用いない場合は，メモリ内に定数 1 を保持し，そのアドレスがレジスタ **r3** により与えられるとすると，次の 4 命令で記述できる．

```
lw    $r4, 0($r1)
lw    $r5, 0($r3)
add   $r4, $r5, $r4
sw    $r4, 0($r2)
```

問 3　条件分岐先に無条件分岐命令を置けばよい．例えば，レジスタ **r1** と **r2** が等しいときに 64 K バイトを超える番地（Label）に分岐したい場合には

```
      beq $r1 $r2 Next
      . . . .
Next: j   Label
```

のようにすればよい．

問 4

\$r1==\$r2 の場合	\$r1!=\$r2 の場合
beq \$r1, \$r2, L1 　　処理 B 　　j　　L2 L1:　処理 A L2:	beq \$r1, \$r2, L1 　　処理 A 　　j　　L2 L1:　処理 B L2:
\$r1 < \$r2 の場合	**\$r1 <=\$r2 の場合**
blt \$r1, \$r2, L1 　　処理 B 　　j　　L2 L1:　処理 A L2:	blt \$r1, \$r2, L1 　　beq \$r1, \$r2, L1 　　処理 B 　　j　　L2 L1:　処理 A L2:
\$r1 > \$r2 の場合	**\$r1 >=\$r2 の場合**
blt \$r2, \$r1, L1 　　処理 B 　　j　　L2 L1:　処理 A L2:	blt \$r2, \$r1, L1 　　beq \$r2, \$r1, L1 　　処理 B 　　j　　L2 L1:　処理 A L2:

問 5　メモリは 4 バイト単位でアクセスする.

例えば，LW $1, 0($2) において $2=5 のとき，(4, 5, 6, 7) が同一ワードであり，(5, 6, 7, 8) は同一ワードではないため，一度にアクセスできない.

問 6　同じ性能を出すため，CISC は高機能な命令を実装する．したがって，CISC のほうが CPI が大きく，MIPS 値が小さくなる.

第 3 章

問 1　sum はループのたびにアクセスされるため，時間的局所性がある.

A [i] は添え字の順にアクセスされるので，空間的局所性がある.

問 2　タグ部 15 ビット

インデックス部 12 ビット

オフセット 5 ビット

問 3

	0	1	2	8	9	0	1	2	16	0	1	2	8	9	0	1	2	9	16
ダイレクトマッピング	×	×	×	×	×	×	×	○	×	×	○	○	×	×	×	×	○	×	×
フルアソシアティブ	×	×	×	×	×	○	○	○	×	○	○	○	○	○	○	○	○	○	○
セットアソシアティブ	×	×	×	×	×	○	○	○	×	○	○	○	×	○	○	○	○	○	○

ダイレクトマッピング：4/19

フルアソシアティブ：13/19

セットアソシアティブ：12/19

問 4　16 K バイトは 14 ビットで表されるので

$40-14=26$

問 5　CPI = 基本 CPI + 1 次キャッシュミスによる命令あたりのストールクロック数 + 2 次キャッシュミスによる命令あたりのストールクロック数

$= 1 + 0.1 \times (10\,\text{ns}/0.5\,\text{ns}) + 0.01 \times (100\,\text{ns}/0.5\,\text{ns}) = 1 + 2 + 2 = 5$

問 6
```
for(i=0; i<N; i++){
    if(i%k==0) prefetch(A[i+m]);
    sum+=f(A[i]);
}
```

処理時間とキャッシュペナルティにより，適切な k と m を決める.

第 4 章

問 1　デバッガで命令のトレースやブレークポイント設定を実行するには，プログラムの実行を中断してデバッガに制御を移すことが必要になる.

問 2　1秒間のポーリング回数は 4 MB/sec/16 B = 250 K 回

1秒間にポーリングに要するクロック数は 250 K × 400 = 100 M クロック

浪費されるクロックの割合は 100 M/500 M = 20 %

問 3　第1段階で装置5がリクエストを取り下げ，第2段階で装置2がリクエストを取り下げ，装置0が使用権を獲得する.

問 4　平均シーク時間 = 15 ms

平均回転待ち時間 = 0.5/(6000/60) = 5 ms

転送速度 = 200 KB × (6000/60) = 20 MB/sec

転送時間 = 2 KB/20 MB = 0.1 ms

全体の時間 = 15 + 5 + 0.1 = 20.1 ms

問 5

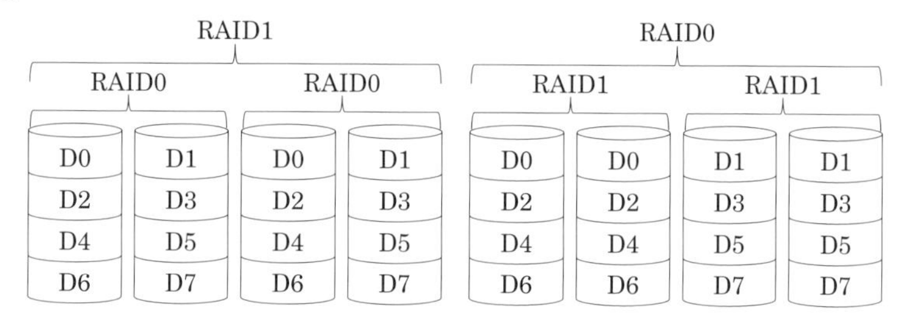

図　RAID01，RAID10 の構成図

第5章

問 1　10001110

問 2　① 11001000　オーバフローなし

② 01000010　オーバフローあり

問 3　右シフト　　1.1101100

左シフト　　1.1000100　ただしオーバフロー

問 4　Y の最下位桁が 1 なので X の符号を 7 桁拡張　1.11111110110010

Y の 3 桁目が 1 なので X の符号を 2 桁拡張　1.110110010

Y の 2 桁目が 1 なので X の符号を 1 桁拡張　1.10110010

上記の 3 つを加え，最後に X を引く.

答えは 0.00100101110010

問 5　$R0$ = 0.01001111

$R1 = 0.10011110$	$R1$ に $2 \times R0$ をセット	
$\quad 0.1110$	Y を引く	
$R1 = 1.00111110$	$R1$ が負	$Q_1 = 0$
$R1 = 0.10011110$	Y を加算して元に戻す	
$R2 = 1.00111100$	$R2$ に $2 \times R1$ をセット	
$\quad 0.1110$	Y を引く	
$R2 = 0.01011100$	正なので	$Q_2 = 1$
$R3 = 0.10111000$	$R3$ に $2 \times R2$ をセット	
$\quad 0.1110$	Y を引く	
$R3 = 1.11011000$	負	$Q_3 = 0$
$R3 = 0.10111000$	元に戻す	
$R4 = 1.01110000$	$R4$ に $2 \times R3$ をセット	
$\quad 0.1110$	Y を引く	
$R4 = 0.10010000$	正なので	$Q_4 = 1$
$Q = 0.0101$	$R = 0.1001 \times 2^{-4}$	

問 6

クロック 1	クロック 2	クロック 3
CSA による仮数部加算	CPA による最終結果	正規化のためのシフト
指数部の加算		指数部の補正

→ 時間

指数部と仮数部の並列動作が可能

図　浮動小数点乗算のタイムチャート

問 7

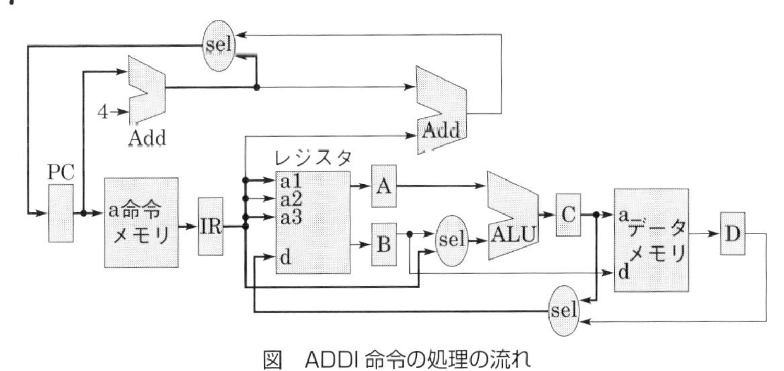

図　ADDI 命令の処理の流れ

ALU の左入力は A レジスタ，右入力は命令のオフセットとなる．

問 8

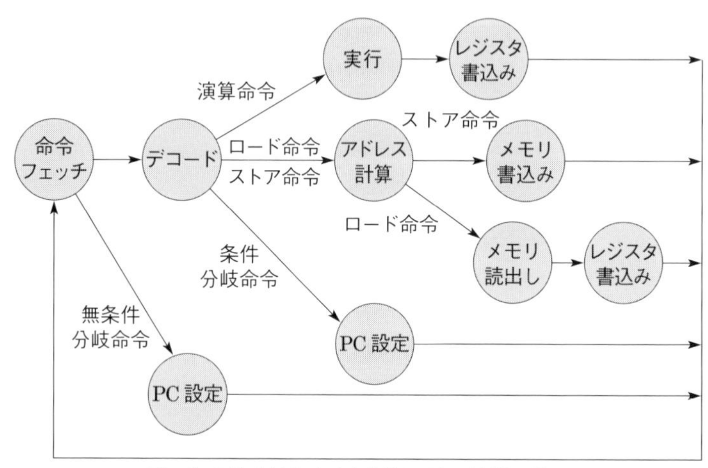

図　無条件分岐を含めた制御回路の状態遷移図

無条件分岐命令は，命令をフェッチすれば，命令レジスタのみで判定可能である．

第 6 章

問 1

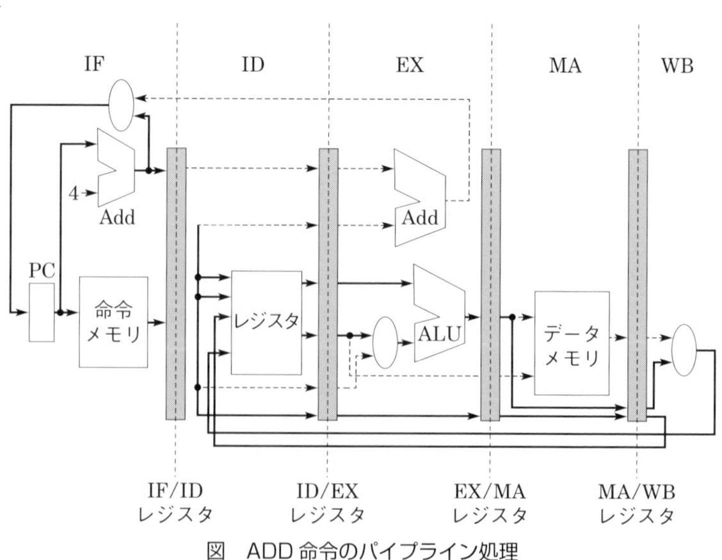

図　ADD 命令のパイプライン処理

問 2

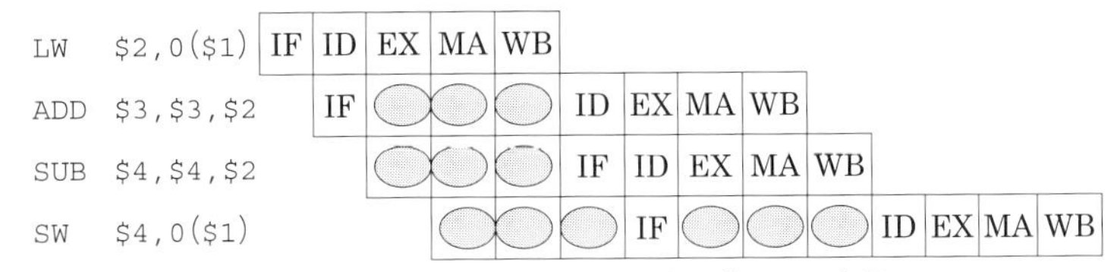

図 フォワーディングなしのパイプライン実行

問 3

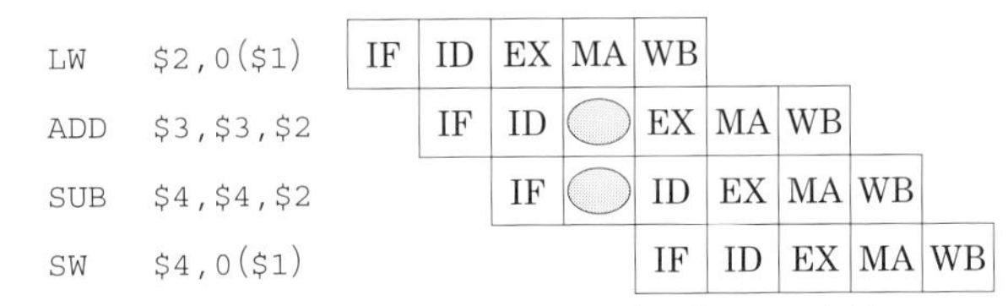

図 フォワーディングありのパイプライン実行

問 4 ①から②へのフォワーディング：(A==D) OR (A==E)
②から③へのフォワーディング：(C==E) OR (C==G)
①から③へのフォワーディング：(A==E) OR (A==G)

問 5 履歴が TTNTN であるので，カウンタの値は以下のようになる．

初期値	1回目	2回目	3回目	4回目	5回目	6回目
分岐履歴	T	T	N	T	N	T
カウンタ値	10	11	11	10	11	10
予　測	T	T	T	T	T	T

常に分岐成立と予測する．

問 6 条件比較演算に ALU を用いるのではなく，レジスタを読み出しながら ID ステージで比較する比較器を導入し，その値によって分岐先アドレスをセレクトするように変更する．

第 7 章

問 1

	スーパスカラ	VLIW
ハードウェアの規模	大	小
命令の並列化	ハードウェア	コンパイラ
ソフトの互換性	あり	なし
クロック周波数	低い	高い

問 2
```
LW   P4,0(P2)
ADD  P5,P4,P3
SW   P5,0(P2)
```

問 3 4×2×4＝32 個

問 4 命令 3，命令 4，命令 5 の ROB エントリを破棄する．
命令 4 を停止させる．
命令 2 が終了してから命令 1，命令 2 をコミットし，割込み処理を開始する．

問 5
```
for(i=0;i<N-1;i+=2) {
        C[i]=A[i]+B[i];
        C[i+1]=A[i+1]+B[i+1];
}
if(i==N-1) {
        C[i]=A[i]+B[i];
}
```

第 8 章

問 1

・スーパスカラプロセッサ	SISD
・ベクトルプロセッサ	SIMD
・GPU	SIMD
・Intel Core i7	MIMD
・京コンピュータ	MIMD

問 2 依存関係がなければ，先行命令の直後に命令発信が可能である．連結処理では演算パイプラインの立上り時間だけ命令発信が待たされる．いずれの場合も後続データは追随するように制御される．ベクトルロード命令は，ベクトル長レジスタの内容で示される多くの数のデータを次々に読み出す．

問 3 プリフェッチ命令はキャッシュブロックの大きさのデータをあらかじめキャッシュに先読みをする．互いに先行読出しを行うことが共通点である．

ベクトル命令では読み出すデータの長さが明確に定義され，すべてむだなく，ベクトルレジスタに読み出される．

プリフェッチ命令をソフトウェアで発信すれば，ベクトル命令に近く高い確率でキャッシュに存在させることができる．ハードウェアによる自動プリフェッチは投機的要素が高くなる．つまり近傍データはアクセスの可能性が高いということを頼りにプリフェッチするだけで，プログラム論理としてアクセスが確かめられているわけではないからである．

問 4　MSI プロトコル

	A.Read	B.Read	A.Write	B.Read	B.Write	A.Write
A の状態	S	S	M	S	I	M
B の状態	I	S	I	S	M	I
動　作			B の Invalidate	A の WriteBack	A の Invalidate	B の WriteBack B の Invalidate

問 5　メッシュ：直径 = 62，次数 = 4
トーラス：直径 = 32，次数 = 4
ハイパーキューブ：直径 = 10，次数 = 10

問 6　直径は 8 であるので
SF ルーティングでは $8 \times 16 \times 100$ ns $= 12.8\,\mu$s
WH ルーティングでは $(16 + 8) \times 100$ ns $= 2.4\,\mu$s

参考文献

1) 柴山　潔：コンピュータアーキテクチャ，オーム社（1997）
2) 馬場敬信：コンピュータアーキテクチャ（改訂 4 版），オーム社（2016）
3) 富田眞治：コンピュータアーキテクチャ　基礎から超高速化技術まで第 2 版，丸善（2000）
4) 石川裕，佐藤三久，堀敦史，住元真司，原田浩，高橋俊行：Linux で並列処理をしよう，共立出版（2002）
5) 天野英晴：並列コンピュータ，昭晃堂（1996）
6) パターソン＆ヘネシー：コンピュータの構成と設計（第 5 版），日経 BP 社（2014）
7) ヘネシー＆パターソン：コンピュータアーキテクチャ　定量的アプローチ（第 4 版），翔泳社（2008）
8) Hennessy, Patterson：Computer Architecture A Quantitative Approach, Fifth Edition, Morgan Kaufman（2012）
9) パソコン技術体系 2003　ハードウェア編，日経 BP 社（2002）
10) 富田眞治：並列コンピュータ工学，昭晃堂（1996）
11) Gerry Kane（前川守監訳）：mips RISC アーキテクチャ －R2000/R3000－，共立出版（1992）
12) Hisa Ando：コンピュータアーキテクチャ技術入門，技術評論社（2014）
13) 坂井修一：コンピュータアーキテクチャ，コロナ社（2004）
14) Hisa Ando：GPU を支える技術，技術評論社（2017）
15) 安藤秀樹：命令レベル並列処理，コロナ社（2005）
16) 北村俊明：コンピュータアーキテクチャの基礎，サイエンス社（2010）
17) 成瀬正：コンピュータアーキテクチャ，森北出版（2016）
18) 中島康彦：コンピュータアーキテクチャ，オーム社（2012）
19) 中澤喜三郎：計算機アーキテクチャと構成方式，朝倉書店（1995）
20) 情報処理学会歴史特別委員会：日本のコンピュータ発達史，オー

ム社（1998）
21）長島重夫，田中義一：スーパコンピュータ，オーム社（1992）
22）Uchida etc：The FACOM 230-75 Array Processor System, UJCC（1978）
23）岡本ほか：スーパコンピュータ FACOM VP のハードウェア，FUJITSU, Vol.35, No.4（1984）
24）内田啓一郎：スーパコンピュータのハードウエア，電子情報通信学会誌，Vol.75, No.2（2/92）
25）内田啓一郎：ベクトルアーキテクチャの構築とその実現方式の研究，東京大学（1995）
26）Godfrey etc：The Computers von Neumann Planned It, IEEE Annals of the History of Computing（1992）
27）Kahan：IEEE Standard 754 for Binary Floating-Point Arithmetic Lecture Notes on the status of IEEEE 754（1996）
28）Goldberg：What every computer scientist should know about floating-point arithmetic, ACM Computing Surveys（1991）
29）Anderson etc：The IBM System/360 Model 91：Machine Philosophy and Instruction-Handling, IBM Journal（Jan 1967）
30）Tomasulo：An Efficient Algorithm for Exploiting Multiple Arithmetic Units, IBM Journal（Jan 1967）
31）Anderson etc：The IBM System/360 Model 91：Floating-Point Execution Unit, IBM Journal（Jan 1967）
32）Yeger：TheMIPS R10000 Superscalar Microprocessor, IEEE Micro（April 1996）
33）Kessler：The Alpha21264 Microprocessor, IEEE Micro（Mar 1999）
34）Horel etc：UltraSparc-Ⅲ, 1 IEEE Micro（May 1999）
35）Weber etc：The Sparc Architecture Version 9, Sparc International. Inc（2000）
36）Tender etc：Power4 system microarchitecture, IBM J RES. & DEV. Vol. 46 No.1（Jan 2002）
37）Fujitsu's Sparc64V Is Real Deal MicroProcessor Report（October 21 2002）
38）ハイパーフォーマンスコンピュータ PRIMEPOWER HPC, Fujitsu, 53.6, pp.444-449（11.2002）

索　引

数　字

英　字

ア 行

カ 行

サ　行

タ　行

ナ　行

ハ　行

マ　行

ヤ　行

ラ　行

ワ　行

〈著者略歴〉
小柳　滋（おやなぎ　しげる）
1977年　京都大学大学院工学研究科博士課程単位取得満期退学
1979年　工学博士
2002年　立命館大学理工学部情報学科　教授
2004年　立命館大学情報理工学部情報システム学科　教授
現　在　立命館大学情報理工学部　特任教授

内田啓一郎（うちだ　けいいちろう）
1968年　東京大学工学部卒業
1996年　博士（工学）
2002年　神奈川大学理学部情報科学科　教授
2015年11月　逝去

IT Text
コンピュータアーキテクチャ（改訂2版）

2004年 8月25日　第1版第1刷発行
2019年11月 1日　改訂2版第1刷発行
2025年 1月20日　改訂2版第5刷発行

著　者　小柳　滋
　　　　内田啓一郎
発行者　村上和夫
発行所　株式会社 オーム社
　　　　郵便番号　101-8460
　　　　東京都千代田区神田錦町3-1
　　　　電話　03(3233)0641(代表)
　　　　URL　https://www.ohmsha.co.jp/

印刷・製本　三美印刷
ISBN978-4-274-22467-6　Printed in Japan